Farina Herrmann

Vermeidung von Möhrenfliegenschäden im Ökologischen Landbau

Farina Herrmann

Vermeidung von Möhrenfliegenschäden im Ökologischen Landbau

Südwestdeutscher Verlag für Hochschulschriften

Impressum / Imprint
Bibliografische Information der Deutschen Nationalbibliothek: Die Deutsche Nationalbibliothek verzeichnet diese Publikation in der Deutschen Nationalbibliografie; detaillierte bibliografische Daten sind im Internet über http://dnb.d-nb.de abrufbar.
Alle in diesem Buch genannten Marken und Produktnamen unterliegen warenzeichen-, marken- oder patentrechtlichem Schutz bzw. sind Warenzeichen oder eingetragene Warenzeichen der jeweiligen Inhaber. Die Wiedergabe von Marken, Produktnamen, Gebrauchsnamen, Handelsnamen, Warenbezeichnungen u.s.w. in diesem Werk berechtigt auch ohne besondere Kennzeichnung nicht zu der Annahme, dass solche Namen im Sinne der Warenzeichen- und Markenschutzgesetzgebung als frei zu betrachten wären und daher von jedermann benutzt werden dürften.

Bibliographic information published by the Deutsche Nationalbibliothek: The Deutsche Nationalbibliothek lists this publication in the Deutsche Nationalbibliografie; detailed bibliographic data are available in the Internet at http://dnb.d-nb.de.
Any brand names and product names mentioned in this book are subject to trademark, brand or patent protection and are trademarks or registered trademarks of their respective holders. The use of brand names, product names, common names, trade names, product descriptions etc. even without a particular marking in this works is in no way to be construed to mean that such names may be regarded as unrestricted in respect of trademark and brand protection legislation and could thus be used by anyone.

Coverbild / Cover image: www.ingimage.com

Verlag / Publisher:
Südwestdeutscher Verlag für Hochschulschriften
ist ein Imprint der / is a trademark of
AV Akademikerverlag GmbH & Co. KG
Heinrich-Böcking-Str. 6-8, 66121 Saarbrücken, Deutschland / Germany
Email: info@svh-verlag.de

Herstellung: siehe letzte Seite /
Printed at: see last page
ISBN: 978-3-8381-3536-6

Zugl. / Approved by: Kassel, Universität, Diss., 2011

Copyright © 2012 AV Akademikerverlag GmbH & Co. KG
Alle Rechte vorbehalten. / All rights reserved. Saarbrücken 2012

Inhaltsverzeichnis

1. EINFÜHRUNG, LITERATURÜBERSICHT & ZIELE DER DISSERTATION 4
   1.1. Wirtschaftliche Bedeutung des Möhrefliegenschadens 4
   1.2. Biologie der Möhrenfliege 5
   1.3. Regulierung des Möhrenfliegenbefalls im ökologischen und integrierten Landbau 6
   1.4. Fragestellungen und Ziele der Dissertation 12

2. MATERIAL UND METHODEN 13
   2.1. Untersuchungsregionen und Untersuchungsgebiete 13
   2.2. Erfassung des Fliegenvorkommens 16
   2.3. Das Simulationsmodell SWAT 18
   2.4. Erfassung des Befalls im Erntegut 19

3. RÄUMLICHE RISIKOFAKTOREN: EINFLUSS VON SCHLAGDISTANZ UND FLÄCHENGRÖßE AUF DAS AUSBREITUNGS- UND BEFALLSGESCHEHEN 22
   3.1. Zusammenfassung 22
   3.2. Einleitung 22
   3.3. Material und Methoden 24
      3.3.1. Dokumentation des Fliegenaufkommens und Erfassung des Befalls 24
      3.3.2. Kartierung und Digitalisierung der Möhrenfelder 25
      3.3.3. Erfassung des Risikofaktors „Vorjahresfläche" 26
      3.3.4. Statistik 28
   3.4. Ergebnisse 32
      3.4.1. Fliegenaufkommen und Befall 32
      3.4.2. Einfluss der Vorjahresflächen – die Risikofaktoren MD und A_{VJ} 35
      3.4.3. Ausbreitung im Frühjahr 37
   3.5. Diskussion 44

4. ZEITLICHE RISIKOFAKTOREN: EINFLUSS DES SAAT- UND ERNTETERMINS AUF DAS AUSBREITUNGS- UND BEFALLSGESCHEHEN 50
   4.1. Zusammenfassung 50
   4.2. Einleitung 50
   4.3. Material und Methoden 52
      4.3.1. Erfassung der Möhrenentwicklung 52
      4.3.2. Zeitliche Koinzidenzermittlung mit SWAT 53

Inhaltsverzeichnis

4.4. Ergebnisse ... 54
4.5. Diskussion ... 58

5. EINFLUSS VON LANDSCHAFTSSTRUKTURPARAMETERN AUF DAS AUSBREITUNGS- UND BEFALLSGESCHEHEN ... 61

5.1. Zusammenfassung ... 61
5.2. Einleitung ... 62
5.3. Material und Methoden ... 64
5.3.1. Kartierungen und Digitalisierungen holziger Vegetation und Ortschaften ... 64
5.3.2. Analysen zum Einfluss der Strukturparameter ... 67
5.3.3. Berechnung von drei Parametern zur Beschreibung der holzigen Vegetations- und Siedlungsstruktur ... 68
5.3.4. Berechnung des Gesamtmaßes Vege $_{Holz}$ zur Beschreibung der holzigen Vegetation ... 71
5.3.5. Statistik ... 72

5.4. Ergebnisse ... 73
5.4.1. Quantifizierte Vegetationen und Ortschaften ... 73

5.5. Diskussion ... 81

6. MANIPULATION DER AUSBREITUNG VON MÖHRENFLIEGEN MIT FANGSTREIFEN ... 85

6.1. Zusammenfassung ... 85
6.2. Einleitung ... 86
6.3. Material und Methoden ... 88
6.3.1. Entfernung des FS 1 ... 90
6.3.2. Überprüfung der Wirksamkeit des zweiten Fangstreifens (FS 2) ... 91
6.3.3. Statistik ... 92

6.4. Ergebnisse ... 93
6.4.1. Fliegen- und Befallsaufkommen in den Fangstreifen 1 & 2 sowie im Hauptfeldrand ... 93
6.4.2. Zeitliche Koinzidenz von Fangpflanzen und Fliegen, Entfernung des Fangstreifens 1 ... 95
6.4.3. Fangstreifen 2 -Zusatznutzen oder nur Randeffekt am Hauptfeld? ... 97

6.5. Diskussion ... 100

7. ABSCHLIEßENDE DISKUSSION UND SCHLUSSFOLGERUNGEN ... 103

7.1. Einzelbetriebliche Ergebnisdiskussion und Empfehlungen ... 103
7.1.1. Betrieb A ... 103
7.1.2. Betrieb B ... 106
7.1.3. Betrieb C ... 107
7.1.4. Betrieb D ... 107
7.1.5. Betrieb E ... 108

7.2. Das Ausbreitungsverhalten der Möhrenfliege & Strategien zur Vermeidung von
Möhrenfliegenschäden 110
7.2.1. Schlagseparierung bei Möhrensätzen als wichtigster Regulierungsbaustein 111
7.2.2. Noternteszenario 113
7.2.3. Zielkonflikte einer wirtschaftlichen Möhrenfliegenprävention 115

8. ZUSAMMENFASSUNG 117

9. SUMMARY 119

10. LITERATURVERZEICHNIS 121

11. IM PROJEKTZEITRAUM ENTSTANDENE VERÖFFENTLICHUNGEN 132

12. ANHANG 134

13. ABBILDUNGSVERZEICHNIS 149

14. TABELLENVERZEICHNIS 154

1. Einführung, Literaturübersicht & Ziele der Dissertation

1.1. Wirtschaftliche Bedeutung des Möhrefliegenschadens

Während die Gesamtzahl landwirtschaftlicher Betriebe in Deutschland sinkt, wuchs der Ökologische Landbau in den vergangenen Jahren, sowohl bei der bewirtschafteten Fläche als auch bei der Anzahl der Betriebe (BMELV 2007). Die Möhre *Daucus carota* L. ssp. *sativus* ist mit Blick auf die Anbaufläche und die Vermarktung die mit Abstand bedeutendste Gemüsekultur im Ökologischen Landbau: 14 % der deutschen Möhrenflächen werden ökologisch bewirtschaftet (Schaak, 2008). Während der Konsum [kg Biomöhren] pro Haushalt weiter steigt, stagnierte die deutsche Anbaufläche in den letzten Jahren. Starke Preisschwankungen, für die mitunter wachsende Möhrenimporte verantwortlich sind, erschweren die Kalkulation von Erlösen aus dem Ökomöhrenanbau (Illert, 2009).

Mit der wachsenden Abundanz von Wirtspflanzen steigt auch das Risiko eines Schaderregerbefalls, insbesondere der Status der Möhrenfliege, dem bedeutsamsten tierischen Schädling im Möhrenanbau (Root, 1973; Rämert & Ekbom, 1996). Nicht jeder Betrieb ist aber automatisch von einem Möhrenfliegenproblem betroffen. Erfolgt der Anbau jedoch lokal konzentriert, ohne Anbaupausen und schützen hohe Vegetationselemente am Feldrand die trockenheitsempfindlichen Möhrenfliegen, kann es zum Aufschaukeln des lokalen Fliegenvorkommens kommen (Buck, 2006). Hat sich der Schädling erst etabliert, gilt er als schwer zu kontrollieren. (Ellis, Hardman, et al., 1987; Hill, 1987; Finch et al., 1999; Collier, 2009). Der Möhrenfliegenbefall, verursacht durch den Larvenfraß am Rübenkörper, kann ein erhebliches Vermarktungsproblem darstellen. Insbesondere die Qualitätsansprüche des Handels an die optische Erscheinung der Frischmarktware sind hoch. Bei der im Großhandel üblichen vollautomatischen Aussortierung vermarktungsunfähiger Möhren ist die Toleranz von Möhrenfliegenschäden mit ca. 1 - 2 % sehr gering (Hommes, 2009). Bei befallsbedingter Warendeklassierung von Frischmarktmöhren zu Saftmöhren kann der Erlös von 23-30 Cent / kg auf ca. 8 Cent / kg sinken.

1.2. Biologie der Möhrenfliege

Die Möhrenfliege *Psila rosae* F. wurde bereits im 18. Jahrhundert von dem dänischen Zoologen Fabricius beschrieben (Fabricius, 1794). Die Fliegen überwintern überwiegend als Puppen im Boden, nahe ihrer Wirtspflanzen, in milden Wintern auch als Larven in der Wirtspflanzenwurzel, bzw. in Ernteresten. In Abhängigkeit von der Temperatur schlüpft ab Mitte / Ende April die erste Generation von Möhrenfliegen und erreicht im Mai einen Höhepunkt. Über die Ausbreitung der adulten Fliegen und ihre Wanderung zu aktuellen Möhrenschlägen ist wenig bekannt, vermutlich spielen aber Vegetationselemente bei der Orientierung und zum Schutz vor Austrocknung eine bedeutsame Rolle (Wakerley, 1964; Städler, 1972). Nach der Paarung erfolgt die Eiablage von ca. 50 - 150 Eiern in Erdritzen nahe den Wirtspflanzen (Körting, 1940; Bohlen, 1967; Städler, 1972; Overbeck, 1978). In den Abend- und Morgenstunden fliegen die Weibchen zur Eiablage über mehrere Tage wiederholt vom Vegetationssaum in den Möhrenbestand ein und danach wieder in den Vegetationssaum zurück. Die Folge ist ein typischer Randbefall im Möhrenfeld innerhalb der ersten 40 Meter (Finch et al., 1999). Die larvale Entwicklung erstreckt sich über drei Larvenstadien (L1-L3), von denen das Erste an den feinen Seitenwurzeln der Möhren frisst, während ab dem zweiten Larvenstadium die Einwanderung in die Hauptwurzel erfolgt. Die entstehenden Fraßgänge mit den Ausscheidungen der Larven verursachen dann das typische Schadbild der so genannten „Eisenmadigkeit" (Overbeck, 1978). Nach erfolgter Verpuppung außerhalb der Möhre, schlüpft ab Anfang Juli die zahlreichere zweite Generation an Möhrenfliegen. Die Eiablage der adulten Möhrenfliegen in zweiter Generation erstreckt sich über einen längeren Zeitraum als bei der ersten Generation und erfolgt bis in den September. Eine Trennung vom Auftreten einer dritten Generation im Herbst ist nicht immer eindeutig vorzunehmen. Zweite und dritte Generationen befallen wiederum den Möhrenbestand oder verbreitet sich darüber hinaus, wodurch auch spätere Möhrensätze, die unter Umständen von der ersten Generation verschont blieben, betroffen sein können.

Der Schädling findet seine Wirtspflanzen innerhalb der Familie der Doldenblütler (Apiaceae). Kulturmöhren (*Daucus carota* ssp. *sativus*) werden bevorzugt befallen und stellen aufgrund ihrer Attraktivität und des flächenhaften Anbaus das größte Vermehrungspotential. Aber auch andere Kultur - Apiaceen wie Sellerie (*Apium graveolens*), Pastinake (*Pastinaca sativa*) sowie

Wildkräuter wie Bärenklau (*Heracleum* sp.)) sind dokumentierte, gelegentliche Wirtspflanzen der Möhrenfliege. Noch seltener werden Nicht-Apiaceen befallen wie Chicoree (*Cichorium intybus* var. *foliosum*), Endivie (*Cichorium endivia*) und Salat (*Lactuca* sp.) (Hardman & Ellis, 1982; Crüger et al., 2002).

Durch das kontinuierliche Vorhandensein mehrerer alternativer Wirtspflanzenarten in der Kulturlandschaft, ist die Möhrenfliege in den gemäßigten Breiten mit einer geringen Population allgegenwärtig (Hill, 1987). Es sei erwähnt, dass in den untersuchten Anbauregionen ein generelles Vorkommen von Wiesenkerbel *Anthriscus sylvestris* (L.) HOFFM. an Wegrändern, sowie ein vereinzeltes Auftreten von Giersch *Aegopodium podagraria* L. und Bärenklau *Heracleum sphondylium* L. beobachtet wurde, von denen jedoch die ersten beiden Wildkräuter als Nichtwirtspflanzen beschrieben wurden (Van't Sant 1961; Bohlen 1967; Hardman & P. R. Ellis 1982). Als vorhandene Nebenwirte, insbesondere an Straßenböschungen, sind für die Untersuchungsregionen *Pastinaca sativa* L. und *Daucus carota subsp. carota* zu nennen. Deren Einfluß kann bis auf den Beitrag zum schwachen Befallshintergrund im Vergleich zum Wirtsangebot des flächenhaften Möhrenanbaus als vernachlässigbar eingestuft werden.

1.3. Regulierung des Möhrenfliegenbefalls im ökologischen und integrierten Landbau

Erste schriftliche Berichte über „wurmige" Möhren erschienen in der englischen gartenbaulichen Literatur zu Beginn des zweiten Jahrzehnts im 19. Jahrhundert (Henderson, 1814). Mit der Entwicklung chemisch synthetischer Pflanzenschutzmittel ergaben sich in den vierziger Jahren des 20. Jahrhunderts effiziente Möglichkeiten in der Schädlingsbekämpfung. Der Einsatz von DDT und anderen organischen Chlorverbindungen erfolgte auch in der Möhrenfliegenregulation (Wright & Ashby, 1946a). Die Rückstände solcher chlororganischen Verbindungen in den äußeren Wurzelschichten der Möhren schwankten sortenabhängig und betrugen bis zu 86 % der umgebenden Bodenkonzentration (Lichtenstein et al., 1965). Aufgrund ihrer Persistenz und schädlichen Auswirkungen kam das zunehmende Verbot chlororganischer Verbindungen ab den Siebziger Jahren. Es folgte der Einsatz von Insektiziden aus den Wirkstoffgruppen der Organophosphate, Carbamate und Pyrethroide gegen die

Möhrenfliege. Die Anzahl der zugelassenen Mittel hat in den letzten Jahren jedoch stark abgenommen. Heute sind im konventionellen Möhrenanbau Deutschlands nur noch die Wirkstoffe Dimethoat und Chlorfenvinphos zugelassen. Im großflächigen Möhrenanbau kommt mit maximal drei Anwendungen pro Saison nur das Kontaktinsektizid Dimethoat zum Einsatz (BVL, 2011), das durch ein Besprühen des Möhrenlaubes auf die Tötung der adulten Fliegen abzielt. Aufgrund von zunehmender Unsicherheit der Mittelwirksamkeit in verschiedenen europäischen Ländern und den hohen Entwicklungskosten für neue Wirkstoffe, wird in Fachkreisen für eine zukünftig zuverlässige Möhrenfliegenkontrolle ein präventiver Regulationsansatz diskutiert (Ester & Rozen, 2009; Collier, 2009).

Möhrenfliege und Möhrenminierfliege – ein zunehmendes Problem im intensiven ökologischen Möhrenanbau

Nicht erst seit dem Reduktionsprogramm chemischer Pflanzenschutz (BMELV, 2005) wurden alternative Konzepte zur chemischen Regulation der Möhrenfliege erprobt. Methoden, die durch die Einführung chemischer Mittel in Vergessenheit geraten waren, wurden in den Achtziger Jahren wieder stärker berücksichtigt. Unter der Bezeichnung des Integrierten Pflanzenschutzes (IPS) wurde und wird die Kombination verschiedener Methoden zur Schädlingsregulation genutzt. Dabei werden meist regionale Ansätze verfolgt, die unter anderem die Fruchtfolge, das Flächenmanagement oder eine angepasste Sortenwahl und Aussaatzeiten nutzen, um den Einsatz von chemischen Pflanzenschutzmitteln auf ein Mindestmaß zu reduzieren (Börner, 2009). Teil des IPS ist auch das Schadschwellenkonzept, bei dem eine Mittel – Applikation der Kulturpflanzen erst dann erfolgt, wenn der zu erwartende wirtschaftliche Schaden höher liegt, als die Kosten für die Bekämpfung des Schädlings. Die Schadschwelle ist kein feststehender Wert, sondern hängt von dem lokal zu erwartenden Schädlingsbefall ab und erfordert folglich die Überwachung der Kultur hinsichtlich des Auftretens der Schaderreger. Im Fall der integrierten Möhrenfliegenregulation werden temperaturbasierte Simulationsmodelle genutzt (Jönsson, 1992; Hommes et al., 1993; Phelps et al., 1993; Markkula et al., 1998) häufiger jedoch zur Schädlingsindikation ein (kommerzielles) Gelbtafelmonitoring direkt in den Möhrenfeldern durchgeführt (Judd et al., 1985; Groot et al., 2009). Fangzahlen adulter Fliegen geben Aufschluss über den zu erwartenden Befall. Als Bekämpfungsschwelle für den Zeitpunkt einer Mittelapplikation gelten

Einführung, Literaturübersicht & Ziele der Dissertation

in Deutschland zehn Fliegen pro Falle und Woche während des Fluges der ersten Generation Möhrenfliegen und fünf Fliegen pro Falle und Woche in der zweiten Generation (Collier, 2009). Nach dem vierstufigen „Schädlingsmanagement - Schema" (Wyss et al., 2005) ist die Kontrolle von Schädlingen im Ökologischen Landau vorrangig in langfristigen Anbaustrategien zu suchen, die lokale Einflüsse berücksichtigen und unter Ausnutzung angepasster ackerbaulicher Methoden, etwa der Fruchtfolgegestaltung, Sortenwahl und dem Feldmanagement einem problematischen Schädlingsauftreten von vornherein vorbeugen. Erst in den weiteren Stufen werden direktere Maßnahmen empfohlen, wie beispielsweise ein Vegetationsmanagement zur direkten oder indirekten Beeinflussung der Schädlinge, u. a. über eine Förderung von natürlichen Feinden („2. Stufe"), eine biologische Direktbekämpfung mit der zusätzlichen Ausbringung von Nützlingen oder natürlichen Feinden („Stufe 3") und schließlich der Einsatz von Produkten zur Direktbehandlung (Stufe „4") (Zehnder et al., 2007). Ein zugelassenes Produkt zur Direktbehandlung gegen die Möhrenfliege steht der ökologischen Landwirtschaft derzeit nicht zur Verfügung. Auch ein kommerzieller Nützlingseinsatz ist nicht etabliert.

Erprobte „Stufe 1 & 2" - Methoden zur Reduktion von Möhrenfliegenschäden umfassen unter anderem verschiedene Sortenanfälligkeiten. Die möglichen Resistenzmechanismen getesteter Möhrensorten basieren dabei entweder auf einer verringerten Eiablage unter Einfluss verschiedener Möhrenlaubeigenschaften, z.B. durch Gehalte an Methyl-isoeugenol als Eiablage stimulierende Verbindung (Visser & de Ponti, 1983) oder auf einer verminderten Wirtsfindung der Larven von (weniger chlorogensäurehaltigen) Möhren oder (Guerin & Ryan, 1984; Ellis, Freeman, et al., 1987; Cole et al., 1988; Ellis et al., 1991; Degen et al., 1999). Insbesondere Möhren vom Nantaise - Typ wiesen in vergleichenden Studien einen reduzierten Befall auf. So genannte partiell resistente Sorten wie "Flyaway" wurden als nützlich für die Praxis eingeschätzt (Ellis, 1999), spielen bis heute im Feldmöhrenanbau jedoch keine Rolle. Im konventionellen wie ökologischen Feldmöhrenanbau ist die Sortenwahl von den Anforderungen der Vermarktung und des Handels beeinflusst, die insbesondere eine gleich bleibende Qualität bei Form, Größe und Erscheinung sowie eine gute Lagerfähigkeit fordern. Die Neuentwicklung von Möhrensorten konzentriert sich insbesondere auf Hybridsorten, die den geforderten Eigenschaften besser entsprechen als samenfeste Sorten und, trotz geringerer Gehalte beispielsweise an Mineralstoffen und Mehrfachzuckern (Fleck et al., 2002), auch von Praktikern des Ökologischen Landbaus vermehrt angebaut werden. Die Züchtung von neuen Möhrensorten, die befallsunempfindlich gegenüber dem Möhrenfliegenbefall sind, hat im Vergleich zu den anderen beschriebenen Zuchtzielen eine untergeordnete Bedeutung (mündl. Mitteil. Bart Kuin, Bejo Zaden B.V.) - nicht zuletzt weil der Reduktionserfolg unter Praxisbedingungen fraglich ist, wenn weibliche Möhrenfliegen keine anderen Wirtspflanzen als die partiell resistenten Sorten finden (Sunley, 2009).

Als Diversifizierungsstrategie des Anbausystems wurden verschiedene Lebend- und Tot-Mulchsysteme erprobt sowie der Anbau von Möhren in Mischkultur. Solche Maßnahmen zielen darauf ab, den Populationsaufbau über das Besiedelungsverhalten selbst, oder indirekt über die Förderung natürlicher Gegenspieler zu reduzieren. Die Wirkungsweisen werden auf zwei Mechanismen zurückgeführt, die als (1) *Hypothese der Konzentration einer Ressource* und (2) *Hypothese der natürlichen Feinde* bekannt geworden sind (Root, 1973; Rämert et al., 2002). Erstere Hypothese besagt, dass in Monokulturen die Schädlinge stärker von ihren Wirtspflanzen angezogen werden und sich dort konzentrieren. Wahrscheinlich sind im Mischanbau die notwendigen Stimuli zur Wirtspflanzenerkennung über visuelle, olfaktorische und geschmackliche Reize reduziert und führen so zu einer verminderten Eiablage („appropriate / inappropriate landings theory" (Finch & Collier, 2000)). Strohmulch (Hommes et al., 2003) erbrachte hinsichtlich der Wirkungssicherheit nicht das gewünschte Resultat. Untersaaten der Möhren mit *Medicago littoralis* oder *Trifolium subterraneum* wurden erfolgreich getestet (Rämert, 1993; Rämert & Ekbom, 1996; Theunissen & Schelling, 2000). Die in Mischkultur angebauten Möhren zeigten jedoch deutliche Ertragsverluste gegenüber ihrer Kontrolle (Monokultur Möhre). Eine Reihen - Mischkultur mit Zwiebeln zeigte ebenfalls eine leicht befallsreduzierende Wirkung (Uvah & Coaker, 1984). Mit abwechselnd vier Reihen Zwiebeln und einer Reihe Möhren ist jedoch auch diese Methode nicht ökonomisch unter Praxisbedingungen und eher für den gartenbaulichen Einsatz geeignet. Die zweite Hypothese, dass durch den Mischanbau Nützlinge und Fressfeinde von Kulturschädlingen gefördert werden, die den Befall verringern, konnte im Fall der Möhrenfliege von Rämert & Eckbohm (1996) nicht bestätigt werden. Zwischen Plots mit künstlich erhöhten beziehungsweise verringerten Zahlen polyphager Prädatoren (Carabidae, Staphylinidae, Arachnida) konnten keine signifikant unterschiedlichen Befallsausmaße festgestellt werden. Der Einsatz von Mischkulturen ist zudem durch ackerbauliche Hemmnisse begrenzt. Der flächenhafte Möhrenanbau erfolgt fast immer in Dammkultur. Der notwendige Maschineneinsatz zur Unkrautkontrolle (thermisches Abflammen und Handjäte mit Jäteflieger) stellt Ansprüche an die Befahrbarkeit.

Eine weitere Studie zur Mortalität von Möhrenfliegeneiern legt nahe, dass adulte Laufkäfer (Carabidae) und Kurzflügelkäfer (Staphylinidae) der Gattungen *Trechus, Bembidion, Aleochara* zwar natürlich Fressfeinde jedoch keinen entscheidenden Mortalitätsfaktor darstellen (Burn, 1982). Aleochara sp. sind nicht nur Fressfeinde, sondern parasitisieren die Möhrenfliegenlarven auch und überwintern als Puppe innerhalb der Möhrenfliegenpuppen (Wright et al., 1947). Weitere dokumentierte natürliche Gegenspieler der Möhrenfliege finden sich insbesondere unter den Schlupfwespen. Dabei sind vor allem *Dacnusa* Arten (Braconidae, Dacnusinae) und *Loxotropa tritoma* Thoms (Proctotrupoidea, Diapriidae) zu nennen, die in Deutschland, den Niederlanden, Großbritannien und Russland gefunden wurden (Savzdarg, 1927; Körting, 1940; Wright et al., 1947; Van't Sant, 1961). Auch wenn direkte Beobachtungen fehlen scheinen die Tiere sowohl Larven als auch Puppen der Möhrenfliege zu parasitieren, mit Parasitierungsraten in Puppen bis zu 35 % (Savzdarg, 1927). Direkte Ansätze zur Erprobung des Einsatzes oder Förderung von Parasitoiden unter Praxisbedingungen fehlen bisher.

Auch entomophage Pilze (*Entomophtora spp.*) sind an Möhrenfliegen dokumentiert. Dabei scheinen Hecken die Wahrscheinlichkeit eines Pilzbefalls bei Möhrenfliegen zu erhöhen (Eilenberg & Philipsen, 1988) und der Befall mitunter das Eiablageverhalten der Weibchen zu beeinflussen und somit potentiell populationsreduzierend zu wirken (Eilenberg, 1987). Ansatzpunkte für einen Einsatz im praktischen Möhrenanbau fehlen jedoch auch hier.

Die derzeit wirksamste Maßnahme gegen die Möhrenfliege, die Netz- und Vliesabdeckung, ist aufgrund der Material- und Arbeitszeitkosten nur für den kleinflächigen Anbau geeignet. Der Einsatz vertikaler Insektenzäune scheint dagegen aussichtsreicher. Untersuchungen zum Einsatz in Kanada konnten den Möhrenfliegenzuflug reduzieren (Vernon & McGregor, 1999) und auch in der Schweiz wurden damit Teilerfolge erzielt. Die Konstruktion zeigte sich jedoch (bisher) zu windanfällig (Wyss et al., 2003) und damit zu zeit- und kostspielig für die Praxis.

Einführung, Literaturübersicht & Ziele der Dissertation

Die Wirksamkeit der Insektenzäune scheint zudem von der Randvegetation beeinflusst zu sein (Wyss et al., 2003; Siekmann & Hommes, 2005).

Auch der Aussaattermin hat einen Einfluss auf die Befallswahrscheinlichkeit. Möhren, die Ende März gesät wurden brachten deutlich mehr Fliegen hervor als Versuchsflächen, die im Juni gesät wurden (Ellis, Hardman, et al., 1987; Collier & Finch, 2009). Empfehlungen lauten daher, die Möhren entweder möglichst früh zu ernten oder mit der Saat bis zum Juni zu warten.

Der gezielte Anbau von für Pflanzenschädlinge höherattraktiven „Fangpflanzen" als die zu schützende Kultur (Hokkanen, 1991) wird als „Stufe 2" Maßnahme häufig auch in Kombination mit Direktbekämpfungsmaßnahmen („Stufe 4") eingesetzt. Ein solcher Ansatz ist nach Literaturlage bezüglich der Möhrenfliegenproblematik bisher kaum systematisch bearbeitet worden und wird erstmals in dieser Arbeit im Kapitel 6 ausführlich behandelt.

Das wichtigste präventive „Stufe 1" – Regulativ, die Anbauintensität und die Fruchtfolge, kann in der gegenwärtigen Praxis durch betriebliche Spezialisierungen und Marktvorgaben oft nur unzureichend befolgt werden. Kosten für Saatgut und vor allem für Saisonarbeitskräfte zur mechanischen Unkrautregulation, führen im ökologischen Feldmöhrenanbau zu einem regional kontinuierlichem, d.h. jährlichem Möhrenanbau mit großen Anbauflächen und feldspezifischen Anbaupausen z. T. unterhalb der empfohlenen 4 bis 6 Jahre (Krug et al. 2003). Dies kann zu rasch steigenden Fliegenproblemen führen. Einmal aufgebaute Fliegenpopulationen lassen sich bei anhaltendem Möhrenanbau nur schwer kontrollieren (Ellis, Hardman, et al., 1987; Hill, 1987; Finch et al., 1999; Collier, 2009).

Allgemeine Angaben zur Präventionsverbesserung, wie der Einhaltung von ausreichenden Abständen zu Vorjahresflächen oder einer früheren bzw. späteren Saat, sind in konkreten Praxissituationen oftmals zu vage. Der Schlüssel für den Umgang mit der Möhrenfliegenproblematik scheint im Verständnis des wechselseitigen Zusammenspiels der allgemein bekannten Befallsvoraussetzungen zu liegen und bildet den Untersuchungsgegenstand der vorliegenden Arbeit.

1.4. Fragestellungen und Ziele der Dissertation

Wissensdefizite zur Möhrenfliegenregulation im Ökologischen Landbaus bestehen sowohl hinsichtlich einer verbesserten Prävention als auch bei den direkten Regulierungsmaßnahmen. Vor diesem Hintergrund wurden Risikofaktoren zu 1) vorjährigen Möhrenflächen, 2) Saat- und Erntezeiten sowie 3) zur Vegetation erfasst und ihr Einfluss auf das Schädlingsvorkommen unter Praxisbedingungen untersucht. Aufgrund der einzelbetrieblichen Ergebnisse und überbetrieblichen Mustern sollten daraus ableitend Empfehlungen für eine verbesserte Prävention gegeben werden. Des Weiteren wurde 4) in einem experimentellen Teil erstmals eine Möglichkeit der direkten Möhrenfliegenreduktion getestet, die auf Betriebe ausgerichtet ist, deren Flächen von einem akuten Möhrenfliegenbefall bedroht sind. Die Fragestellungen in der vorliegenden Arbeit wurden entsprechend ihrer Teilaspekte bearbeitet und sind in verschiedenen Kapiteln dargestellt:

Zur Beantwortung der Frage, ob sich Mindestabstände zu Infektionsquellen definieren lassen wurden räumliche Untersuchungen zum Einfluss der Distanzen zwischen dem aktuellen und vorjährigen Möhrenfeldern auf das Befallsausmaß der Möhrenfliegen untersucht. (Kapitel 3).

o Hinsichtlich der Möglichkeiten einer verminderten zeitlichen Koinzidenz von Schädling und Wirtspflanzen wurde das Auftreten der Schädlinge dokumentiert mit dem Ziel, kritische Zeitfenster zu identifizieren und Erklärungsansätze für die einzelbetrieblich unterschiedlichen Befallsrisiken zu finden (Kapitel 4).

o Ein möglicher Einfluss der großräumigen Landschaft auf das Schädlingsvorkommen im Möhrenfeld wurde anhand ausgewählter Struktur- und Vegetationsparameter untersucht. Ziel dieser Teiluntersuchung war es, neue Anhaltspunkte für Faktoren zu finden, die die Ausbreitung der Möhrenfliege beeinflussen (Kapitel 5).

o Als ein weiterer Regulierungsbaustein wurde getestet, ob sich Fangstreifen (Fangpflanze Möhre) nutzen lassen, um Möhrenfliegen noch am Ort der Überwinterung zu binden und ob sich durch mechanische Zerstörung der Fangpflanzen eine wirksame Unterdrückung der weiteren Fliegenentwicklung erzielen lässt (Kapitel 6)

2. Material und Methoden

2.1. Untersuchungsregionen und Untersuchungsgebiete

In Abbildung 1 ist die Lage der teilnehmenden Versuchsbetriebe in Nordhessen und Niedersachsen dargestellt. Betrieb A liegt ca. 20 km südöstlich von Göttingen, Betrieb B ca. 10 km nordwestlich von Kassel ist der Lehr- und Versuchsbetrieb der Universität Kassel/ Witzenhausen, die Hessische Staatsdomäne, Betrieb C im Landkreis Nienburg (Weser), Betrieb D ca. 40 km südlich von Bremen, im Landkreis Diepholz, Gemeinde Martfeld. Betrieb E) liegt zwischen Bremen und Minden, im Landkreis Diepholz.

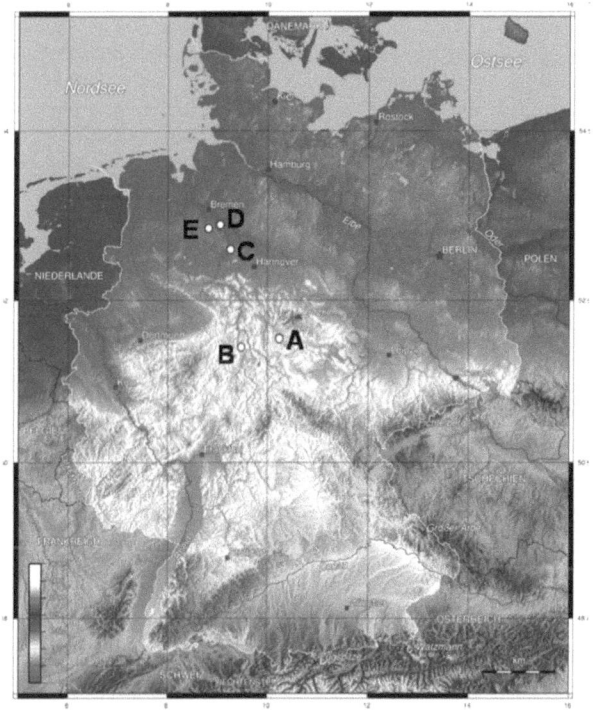

Abbildung 1: Lage der Untersuchungsstandorte A bis E (o), Topographische Karte Deutschlands. Quelle: www.mygeo.info

Material und Methoden

Der einzelbetriebliche Möhrenanbau und das Schädlingsauftreten wurden von 2007 bis 2009 erfasst (Betrieb D 2008 - 2009.) Alle Betriebe bewirtschafteten ihre Flächen nach den Richtlinien des Biolandverbandes. Der kontinuierliche Möhrenanbau erfolgte langjährig (außer Betrieb D) und großflächig. Versuchsrelevante Betriebskenngrößen sowie die nächstgelegene Wetterstation zum Bezug von Klimadaten sind in Tabelle 1 dargestellt. Betriebe A und B liegen im Naturgroßraum der Zentraleuropäischen Mittelgebirgslandschaft mit fruchtbaren Lößauflagen (meist) lehmiger Buntsandsteinböden. Betriebe C-E lassen einem anderen Großraum zuordnen, da sie im Norddeutschen Tiefland befinden und stärker dem maritimen Einfluss unterliegen. Die vorherrschenden Bodenarten sind hier durch eiszeitliche (Geest) und alluviale Sandablagerungen geprägt. Nur lokal sind Lößauflagen vorhanden (Betrieb E) (LBEG, 2010).

Tabelle 1: Parameter zum Standort und Möhrenanbau der fünf Versuchsbetriebe und Angabe der nächstgelegenen Klimastationen zum Bezug von Wetterdaten. Quelle: Betriebe, Niedersächsisches Landesamt f. Bergbau, Energie und Geologie www.lbeg.de, Bodenschätzungskarte.

Betrieb	Ackerschätz-ungsrahmen	Bodenzahl	Möhrenan-bau seit	Möhren im Versuch (ha, Mittelwert)	Klimastation
A	L4LoV, L5LoV L4Lo, L4V	53 - 68	1991	8,2	Sennickerode
B	L3LoV	75 - 82	1998	19,1	Hess. Staatsdomäne Frankenhausen
C	Sl3D, S3D	25 - 35	1990	7,7	Nienburg (08-09) ; Wietzen (07)
D	S3D	22 - 37	2006	10,0	Wietzen
E	lS3LoD, lSll SL4LoD	40 - 60	1991	6,2	Bassum

Material und Methoden

Für einen Überblick über die Temperatur- und Niederschlagsbedingungen im Untersuchungszeitraum 2007 - 2009 der zwei Großregionen sind zwei Klimadiagramme abgebildet. Die Station Sennickerode (Abbildung 2) ist stellvertretend für Betriebe A und B und die Station Wietzen (Abbildung 3) soll stellvertretend für das Anbaugebiet der Betriebe C, D, E) die klimatischen Verhältnisse darstellen. Die nördlicher gelegenen Betriebe waren in 2008 und 2009 vermehrt von einer Frühjahrstrockenheit betroffen, die sich in den reduzierten Niederschlagswerten im Vergleich zum langjährigen Mittel widerspiegelt. Daraus folgte ein erhöhter Bewässerungsbedarf der Möhren, zum Auflaufen der Keimlinge sowie im weiteren Verlauf der Kulturführung auf den Betriebe A, C, D. Bei vielen Landwirten in den untersuchten Regionen wird die mittelfristige Schaffung von Bewässerungsmöglichkeiten als Notwendigkeit gesehen (Buck, 2009).

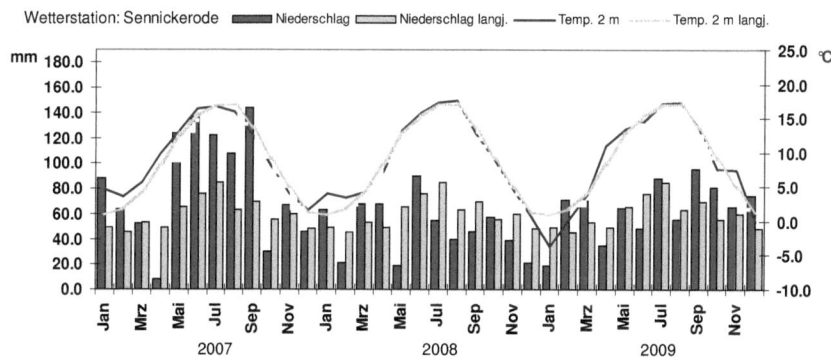

Abbildung 2: Langjähriges und aktuelles Monatsmittel der Lufttemperatur in 2 m Höhe und des Niederschlages der Wetterstation Sennickerode (LKW).

Material und Methoden

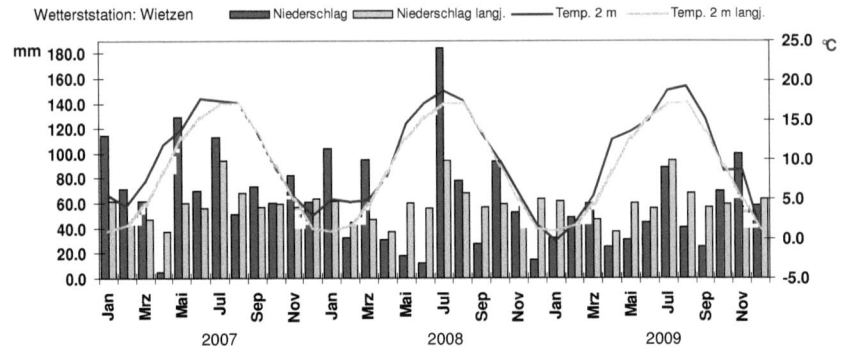

Abbildung 3: Langjähriges und aktuelles Monatsmittel der Lufttemperatur in 2 m Höhe und des Niederschlages der Wetterstation Wietzen (LKW).

Bevor sich den einzelnen Fragestellungen zur Prävention und Regulation von Möhrenfliegen in den einzelnen Kapiteln gewidmet wird, erfolgt an dieser Stelle eine Beschreibung der genutzten Materialien und Methoden zur Dokumentation des Schädlingsauftretens.

2.2. Erfassung des Fliegenvorkommens

Parallel zur Erfassung des Möhrenwachstums nach Wachstumsstadien wurde auf allen Betrieben ein praxisübliches Gelbfallenmonitoring zur Dokumentation des Möhrenfliegenauftretens, von Ende April bis Anfang November, durchgeführt (Finch et al., 1999). Dazu wurden in Abhängigkeit von Feldgröße, Geometrie und kritischer Randvegetation drei bis zehn 15 x 20 cm große Klebefallen (Rebell® orange, Andermatt Biocontrol AG, CH – Grossdietwil) im Randbereich, ca. fünf Meter feldeinwärts, positioniert. Die Fallen wurden in einem 45 ° Winkel, mit der klebenden Unterseite zum Feldrand hin ausgerichtet (Abbildung 4). Die Oberseite der Falle wurde mit Klarsichtfolie abgeklebt, um den Beifang von Nichtzielorganismen zu reduzieren. Entsprechend dem Wachstum des Möhrenlaubes wurden die Fallen nach jeder Kontrolle der Pflanzenhöhe angepasst und befanden sich maximal 10 cm über dem Laub. Je nach Flugintensität wurden die Fallen 1 – 3 Mal pro Woche kontrolliert. Jede Falle wurde mit ihren geographischen Koordinaten nach der Vorgehensweise unter 3.3.2 in ArcGIS übertragen. Es ist ein bekanntes Phänomen, dass zum Monitoring von Möhrenfliegen

Material und Methoden

die verwendeten Fallen direkt von Wirtspflanzen umgeben sein müssen, um verlässliche Fangzahlen zu erreichen (Brunel & Blot, 1975). Auch die im vorliegenden Versuch eingesetzten Gelbfallen zum Möhrenfliegenmonitoring waren offenbar nur bei zeitgleicher Wirtspflanzenpräsenz fängig – dies zeigten eigene Versuche auf Betrieb A. Um über den Zeitpunkt des Möhrenfliegenschlupfes und das Befallspotential nach der Überwinterung Aussagen treffen zu können, wurden dort auf Vorjahresflächen in 2007 und 2008 Gelbfallen installiert. Zusätzlich wurden in 2008 Fallen zwischen den Vorjahresflächen und den aktuellen Möhrenfeldern aufgestellt, um das für die Fragestellung wichtige Ausbreitungsverhalten ab der Vorjahresfläche nachzuvollziehen. Jedoch ist im Untersuchungszeitraum keine Fliege auf diesen Fallen gefangen worden. Ein Gelbtafelmonitoring wurde folglich dazu genutzt, das Eintreffen der Fliegen an aktuellen Möhrenfeldern zu dokumentieren.

Abbildung 4: a) Positionierte Gelbfalle auf Betrieb A, 13.06. 2007 b) adulte Möhrenfliege auf Gelbfalle.

2.3. Das Simulationsmodell SWAT

Das Simulationsmodell SWAT berechnet auf Basis der Tagesmittelwerte der Lufttemperatur die Populationsdynamik von „Gemüsefliegen" (Kleine Kohlfliege, Möhrenfliege und Zwiebelfliege; Hommes et al., (1993)). SWAT kann kostenlos von der Internetseite des Julius Kühn-Instituts, Institut für Pflanzenschutz in Gartenbau und Forst, herunter geladen und genutzt werden (www.jki.bund.de). Im Integrierten Landbau wird SWAT zur Unterstützung in Terminierungsfragen bei Insektizidanwendungen genutzt und Simulationen sind für Kunden des Pflanzenschutzportals ISIP (www.isip.de) zugänglich. Das Programm findet mittlerweile auch in Frankreich Verwendung im integrierten (Bouvard et al., 2006) und biologischen Pflanzenschutz (Fredec, 2009). In der Region Midi-Pyrénées wird es zur Identifikation der Flugzeiten und einem entsprechend zeitgerechten Einsatz von Kulturschutznetzen im Gartenbau getestet. Das Programm simuliert den Zeitraum des Auftretens für die einzelnen Entwicklungsstadien Fliegen, Eier, Larven und Puppen. Dabei berücksichtigt das Modell die Wahrscheinlichkeit einer Aestivation (Sommerruhe) ebenso wie eine verminderte Flugaktivität aufgrund erhöhter Windgeschwindigkeiten, wenn neben der Temperatur noch Winddaten zur Verfügung stehen. So kann unter Nutzung lokaler Klimadaten einer nahe liegenden Wetterstation das Möhrenfliegenauftreten auf betriebseigenen Flächen abgeschätzt werden. Liegen langjährige Temperaturdaten vor, können diese genutzt werden, um die Fliegenentwicklung über den aktuellen Zeitraum hinweg zu prognostizieren. Wird parallel ein Monitoring mit Gelbklebefallen durchgeführt, lassen sich zusätzlich zu den Klimadaten die Fangzahlen in das Programm einspeisen und ermöglichen dem Nutzer eine Bewertung, wie gut das Modell mit dem Monitoring übereinstimmt (Abbildung 5) und erleichtert gegebenenfalls eine Berücksichtigung bei der Interpretation der Simulationsergebnisse.

Material und Methoden

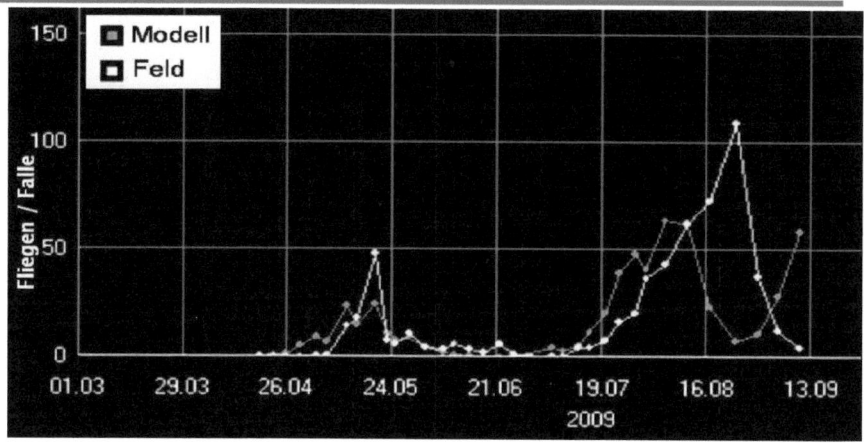

Abbildung 5: Screenshot einer SWAT - Simulation. Fliegenauftreten laut Gelbtafelfängen („Feld") und anhand der kalibrierten Modelldaten („Modell") auf Betrieb A 2009, Feld 1.

In der vorliegenden Studie zum ökologischen Feldgemüsebau wird das SWAT Programm als ein Werkzeug genutzt, den Flugbeginn und die damit verbundene Ausbringung der Gelbtafeln zum Start des Monitorings abzuschätzen. Mit Hilfe von SWAT wurde das relative zeitliche Auftreten von Möhrenfliegen – Larven und – Puppen simuliert um Anhaltspunkte über das Befallsgeschehen zu erhalten, die alternativ nur über aufwendige Grabungen und zusätzlich Probenahmen zu erhalten gewesen wären. Weiterhin wurde auf dessen Grundlage die Berechnung einer lokalen Koinzidenz (Kapitel 4) durchgeführt und bei der Erprobung der Fangstreifen eingesetzt (Kapitel 6), um zu testen, ob sich das Programm als Werkzeug bei Terminfragen nutzen lässt. Im Rahmen aller Experimente wurden die standardmäßig verwendeten Funktionsparameter des Programms beibehalten und die Simulationen auf Grundlage der Tagesmittelwerte der Temperatur in zwei Metern Höhe ausgeführt.

2.4. Erfassung des Befalls im Erntegut

Pro Feld wurden einmalig, zeitnah zum Erntetermin, mindestens neun (3 x 3 Raster), pro streifenförmig angelegtem Möhrensatz mindestens drei, GPS referenzierte Befallsproben entnommen. Pro Boniturpunkt wurden in 2007 100 Möhren, in den Jahren 2008 und 2009 jeweils 50 Möhren pro Probe, bestehend aus jeweils zwei Teilproben à 25 Möhren (2008)

Material und Methoden

beziehungsweise vier Teilproben von 2 x 12 und 2 x 13 Möhren (2009) entnommen. Die Möhren wurden per Hand ausgegraben, im Labor sorgfältig gewaschen, auf Larvenfraß überprüft und die befallenen Möhren pro Probe als % Befall ausgedrückt. Wurde in 2007 nur nach An- bzw. Abwesenheit von Befall untersucht (Abbildung 6a), wurde in 2008 und 2009 nach zwei Schadensklassen (SKL) differenziert. Schadensklasse 1 (SKL 1) umfasste sehr leichten oder möhrenfliegenverdächtigen Schaden, Schadensklasse 2 (SKL 2) bezeichnet Möhren mit mindestens einem deutlichen Fraßgang Abbildung 6b. Jeder Boniturpunkt wurde in seiner geographischen Position in ArcGIS übertragen. Zum Boniturtermin waren die Möhren erntefähig. Da jedoch in der Regel über einen Zeitraum mehrerer Tage bis Wochen geerntet wird, abhängig vom Wetter und der Abnahme durch die Vermarkter, erstrecken sich Möhrenernten über einen längeren Zeitraum. Der Boniturtermin steht somit für den Beginn der Erntezeit. Die Erfassung vom Befallsdurchschnitt nach der Ernte beim Vermarkter erwies als nicht durchführbar, da in der Verarbeitung nicht mehr zwischen Möhrenfliegenschaden, Bruch, Beinigkeit und anderen Ursachen der Aussortierung unterschieden wurde und eine klare Trennung von Partien verschiedener Betriebe bei den Verarbeitern nicht immer gewährleistet war. Da die räumliche Verortung im Vordergrund der Fragestellung stand, mussten gelegentliche, witterungsbedingte Ernteverzögerungen über den Feldboniturtermin hinaus in Kauf genommen werden.

Material und Methoden

Abbildung 6 a) Beispiel einer Möhrenprobennahme von 12 Boniturpunkten. Jeweils linke Gruppe ungeschädigt, rechte Gruppe mit Schadbild. Betrieb E, 27.06. 2007; b) Möhren der Schadensklasse 2.

3. Räumliche Risikofaktoren: Einfluss von Schlagdistanz und Flächengröße auf das Ausbreitungs- und Befallsgeschehen

3.1. Zusammenfassung

Im Rahmen der vorliegenden Untersuchungen wurden erstmals GIS - basierte großräumige Analysen zum Einfluss der Lage und Fläche vorjähriger Möhrenfelder auf das aktuelle Möhrenfliegenvorkommen im praxisüblichen ökologischen Möhrenanbau durchgeführt. Anhand eines geographischen Zusammenhanges zwischen der Höhe des Schädlingsaufkommens und der Distanzen zu vorjährigen Möhrenfeldern, wurden letztere als wichtigste Infektionsquelle für betroffene Betriebe identifiziert. Dabei ist als bedeutsamstes Ergebnis hervorzuheben, dass sich die Distanzen, über die sich die erste Generation Möhrenfliegen ausbreiteten, sehr variabel zeigten. Die Fliegen wurden vermehrt im zur Vorjahresfläche nächstgelegenen Möhrenfeld gefunden, unabhängig davon ob es 20, 200 oder 400 Meter entfernt lag, während der Befall dahinter liegender Felder auf den allgemeinen Befallshintergrund stark abfiel. Ein nichtparametrischer Gruppenvergleich bestätigte ein signifikant verringertes Befallsaufkommen nach ca. 300 Metern. Die Ergebnisse legen nahe, dass bei der Ausbreitung von Möhrenfliegen zwischen einer Verbreitung bei vorherrschender Wirtspflanzenpräsenz einerseits und einer Verbreitung ohne Wirtspflanzenangebot andererseits unterschieden werden muss. In den analysierten Anbaukonstellationen erfolgte ein verstärkter Befall innerhalb von 1000 Metern um vorjährige Möhrenfelder. Diese ermittelte Distanz deckt sich mit Informationen der bestehenden Literatur und wird schlußfolgernd als Mindestabstand im Rahmen einer Möhrenfliegenprävention empfohlen.

3.2. Einleitung

Die Entwicklung eines regionalen Schädlingsmanagements eignet sich insbesondere für Arten, die aufgrund Ihrer Biologie eine begrenzte Mobilität aufweisen. Ein bekanntes Beispiel ist der Kartoffelkäfer (*Leptinotarsa decemlineata*), der im integrierten Kartoffelanbau erfolgreich über die Fruchtfolge und einer Schlagseparierung von mindestens 400 Metern kontrolliert werden kann (Sexson & Wyman, 2005). In einer vergleichbaren Studie zur Vermeidung des Erbsenwicklers *Cydia nigricana* im Großraum Dresden, konnte auf Grundlage der zeitlich-räumlichen Verteilung der Wirtspflanzen, eine solche Minimaldistanz zu vorjährigen Flächen definiert werden, unterhalb der das Auftreten und der verursachte Schaden durch den Schädling signifikant reduziert waren (Thöming et al., 2011). Entscheidend für ein solches gebietsweises Management ist das Wissen um das Ausbreitungsverhalten und die maximale Ausbreitungsdistanz der Schädlinge, so dass sich die Flächenwahl daran orientieren kann.

Wie auch bei anderen Gemüsefliegen fällt der Möhrenfliegenbefall geringer aus, wenn im Vorjahr keine Möhren angebaut wurden (Walters & Eckenrode 1996; Kettunen et al. 1988; Dabrowski & Legutowska 1976). Im großflächigen Möhrenanbau sind die Vorjahresflächen wichtige Infektionsquellen und die jährliche Flächenwahl erhält eine zentrale Stellung in der regionalen Möhrenfliegenprävention. Zwar ist die Möhrenfliege gut untersucht und die Tiere gelten als relativ standorttreu und schlechte Flieger (Städler, 1972). Einzelne Forschungsergebnisse zu der Verbreitung der adulten Fliegen im Frühjahr variieren jedoch beträchtlich. Eine Studie mit Möhren aus Großbritannien zeigt, dass adulte Möhrenfliegen auf der Suche nach Wirtspflanzen circa 100 Meter pro Tag zurücklegen mit einem verstärkten Vorkommen innerhalb eines Kilometers (Finch & Collier, 2004). Jedoch beruhen diese Ergebnisse auf einem experimentellen „Miniplot Design", und sind dadurch nicht ohne weiteres auf die praktischen Anbauverhältnisse des großflächigen Feldgemüseanbaus übertragbar. Auch eine polnische Studie legt nahe, dass ein aktueller Schädlingsbefall von der Distanz zu vorjährigen Möhren abhängt. Die Autoren erwähnen, dass in Risikolagen ein Befall des Folgejahrs bis Juni halbieren kann, wenn ein Mindestabstand von 1 km zu vorjährigen Möhrenfeldern eingehalten wird (Legutowska & Plaskota, 1986), jedoch ohne empirische Datengrundlage. Andere Autoren zeigten, dass sich eine Verbreitung überwiegend auf 100 m begrenzt (Wainhouse, 1975) oder wiesen eine deutliche Reduktion in 250 m Entfernung zur Fliegenquelle nach (Coaker & Hartley, 1988). Solche variierenden Angaben sind für eine etwaige Berücksichtigung in der Anbaupraxis hinderlich. Die vorliegende Literatur liefert nur begrenzte Anhaltspunkte für diese Variabilität. Aufgrund der Biologie und des Verhaltens von Möhrenfliegen kann zwischen verschiedenen Abschnitten der Ausbreitung unterschieden werden. Bei Möhrenfliegen, die direkt nach dem Schlupf freigelassen wurden, beobachtete Overbeck (1978), dass die Tiere nicht zufällig abfliegen, sondern Silhouetten von Bäumen und Hecken ansteuern, ein als Hypsotaxis bezeichnetes Verhalten (Johnson, 1969). Ob es sich in der Folge bei der Überwindung größerer Distanzen hin zu aktuellen Wirtspflanzenfeldern ebenfalls um eine gerichtete Fortbewegung handelt, oder um eine eher zufällige Ausbreitung (dispersal), konnte mit der bisherigen Literatur nicht eindeutig beantwortet werde. Manche Autoren schlussfolgern aufgrund des eher lokalen Vorkommens eine zufällige Verbreitung (Städler, 1972; Dufault & Coaker, 1987), die demnach konzentrisch um den Ort des Schlupfes erfolgt und durch mehr oder weniger zufällige Bewegungen der Fliegen graduell mit der Entfernung abnehmen müsste, mithilfe des Windes jedoch auch weitere Distanzen von mehreren Kilometern betragen könnte (Van't Sant, 1961). Spätere Arbeiten belegen aber, dass Möhrenfliegen über sensible Wahrnehmungen bereits geringster Mengen volatiler Bestandteile des Möhrenlaubes verfügen, beispielsweise Trans-Asarone (Guerin & Visser, 1980; Guerin et al., 1983; Berenbaum, 1990), die am Ausbreitungs- und Wirtfindungsverhalten beteiligt sein können.

Arbeitshypothese Mindestabstand:

Im Vordergrund der Untersuchungen standen die Fragen

o Lässt sich ein einheitlicher Mindestabstand zu Vorjahresflächen definieren, oberhalb dem sich ein vermarktungsrelevanter Möhrenfliegenbefall vermeiden lässt?

o Stellt die Fläche vorjähriger Möhrenfelder [ha] im Umkreis aktueller Möhrenflächen einen Risikofaktor dar, der Aussagen zur Befallswahrscheinlichkeit zulässt?

3.3. Material und Methoden

3.3.1. Dokumentation des Fliegenaufkommens und Erfassung des Befalls

Entsprechend der Darstellungen von Kapitel Fehler! Verweisquelle konnte nicht gefunden werden. erfolgten das Fliegenmonitoring und die Befallsbonituren auf jedem Betrieb begleitend zum Möhrenanbau. Eine allgemeine Darstellung zur Höhe der Fliegenzahlen und des Befallsausmaßes erfolgte a) im Betriebsvergleich und b) auf Feldniveau in Form einer Streudiagramm - Matrix nach Field (2009), zur ersten Visualisierung und Überprüfung von Korrelationen zwischen den durchschnittlichen Fliegenzahlen der ersten und zweiten Generation, der Fliegensumme und dem Befall [%].

3.3.2. Kartierung und Digitalisierung der Möhrenfelder

Die jährliche Möhrenanbaufläche wurde innerhalb der einzelnen Untersuchungsregionen erfasst und quantifiziert. Dazu wurden die aktuellen Möhrenfelder und -sätze der teilnehmenden Betriebe unter Verwendung des Mobile Mapper TM CE (Magellan Navigation GmbH, D- Neufahrn) eingemessen und für alle weiteren Berechnungen in ArcGIS 9.1 (ESRI Deutschland GmbH, D - München) übertragen. Die Möhrenflächen aus dem Jahr 2006 wurden nach mündlicher Abklärung mit den Landwirten und auf Grundlage der digitalen Schlaggrenzen ebenfalls digitalisiert. Die so erhaltene „Anbauhistorie" lieferte über einen Zeitraum von vier Jahren (2006-2009) Informationen zu Lage und Umfang der Möhrenfelder sowie der Lage und Ausmaße von jeweiligen Vorjahresflächen innerhalb der Anbauregionen (Abbildung 8). Zusätzlich wurde jährlich das großräumige Umfeld der untersuchten Möhrenfelder nach betriebsfremden Möhrenschlägen abgefahren bzw. nach Befragung gezielt aufgesucht. Nur auf Betrieben D und E waren weitere Möhrenfelder eines konventionell wirtschaftenden Betriebes vorhanden (Abbildung 8). Die konventionellen Möhrenfelder konnten aus Kapazitätsgründen hinsichtlich eines Schädlingsvorkommens nicht untersucht werden. Bei den Analysen zum Einfluss der kürzesten Distanz zwischen Fallen bzw. aktuellen Boniturpunkten und den vorjährigen Möhrenfeldern (MD, Kapitel 3.3.3.1) wurden Berechnungen versuchsweise mit und ohne die konventionell bewirtschafteten Möhrenfelder durchgeführt. Dabei wurden keine deutlichen Unterschiede im Einfluss des MD auf das Versuchsergebnis erkennbar. Aufgrund einer in den letzten Jahrzehnten zunehmend schwierigeren Kontrolle der Möhrenfliege auch im konventionellen Anbau wurde für diese Flächen ebenfalls gute Voraussetzungen für eine Möhrenfliegenvermehrung angenommen (Collier, 2009). Folglich wurden die Flächen gleichwertig in die Vorjahresflächen- und Distanzanalysen mit einbezogen.

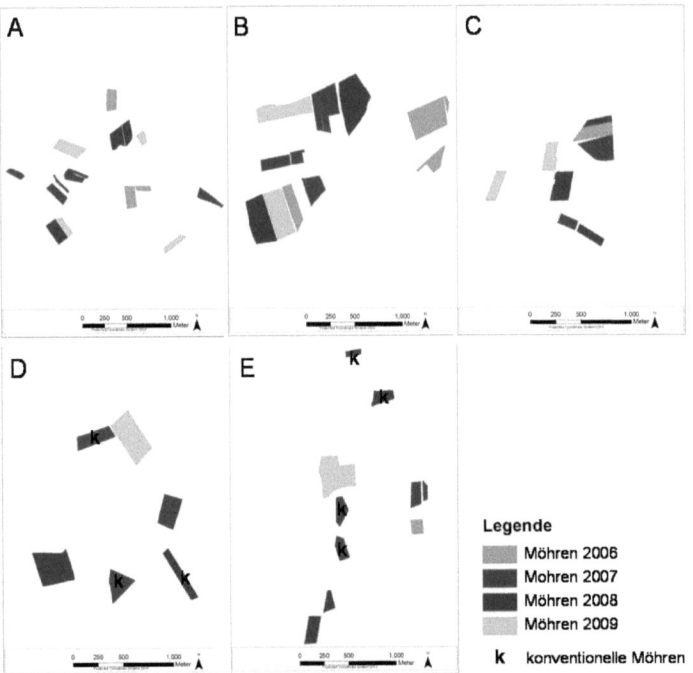

Abbildung 7: „Möhrenanbauhistorie". Dargestellt sind Fläche und relative Lage der untersuchten Möhrenfelder auf den Betrieben A - E der Jahre 2006 bis 2009. Mit „k" gekennzeichnete Flächen sind Möhrenfelder benachbarter konventionell wirtschaftender Betriebe.

3.3.3. Erfassung des Risikofaktors „Vorjahresfläche"

3.3.3.1. Abstand einer Falle / eines Boniturpunktes zum nächstgelegenen vorjährigen Möhrenfeld „MD"

Mithilfe der GIS-Software-Extension „Hawth´s Tools" (McCoy & Johnston, 2002; Beyer, 2009) wurden die individuellen Distanzen zwischen einer jeden Falle sowie einem jeden Boniturpunkt und dem dazugehörigen nächstgelegenen Punkt einer Vorjahresfläche in Metern [m] berechnet. Dieser kürzeste Abstand zwischen aktuellem Schädlingsauftreten und der

Vorjahresfläche wird im Folgenden als Risikofaktor „MD" (von „Minimal Distance") bezeichnet (Abbildung 8). Es wurde angenommen, dass sich das Hauptausbreitungsgeschehen der Möhrenfliege innerhalb dieser Distanzen abspielte.

3.3.3.2. Die regionale Fläche im Vorjahr angebauter Möhren "A_{VJ}"

Als weiterer Faktor wurde die Gesamtfläche vorjähriger Möhrenfelder „A_{VJ}" im Umkreis einer aktuellen Falle und eines Boniturpunktes bestimmt. Dieser Wert trägt somit in Erweiterung zum „MD" neben der Abstands- auch eine Flächeninformation. Ein einheitlicher Bezugsradius zur Berechnung der vorjährigen Möhrenflächen war dazu jedoch nicht geeignet, da die Verteilung von Möhrenfeldern im Umfeld zwischen Betrieben und Versuchsjahren nicht vergleichbar war. Um einen aussagekräftigen Umkreis zu ermitteln, wurde pro Betrieb und Jahr der jeweilige A_{VJ} in Radien zwischen 100 und 1000 Metern in 100 – Meter – Schritten und zwischen 1200 und 1600 Metern in 200 – Meter – Schritten um jede Falle und jeden Boniturpunkt berechnet (Abbildung 8).

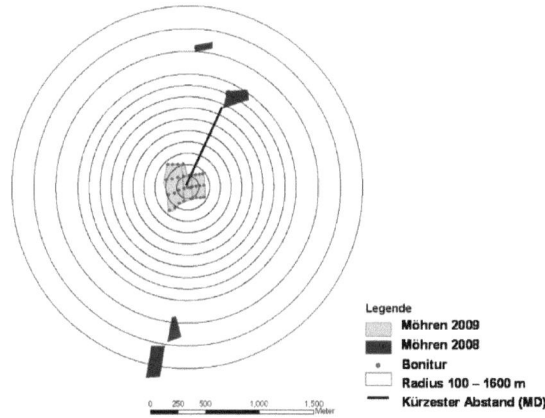

Legende
Möhren 2009
Möhren 2008
• Bonitur
Radius 100 – 1600 m
— Kürzester Abstand (MD)

Abbildung 8: Relative Lage der aktuellen und vorjährigen Möhrenfelder auf Betrieb E 2008 – 2009 sowie exemplarisch für einen Boniturpunkt die Radien zwischen 100 und 1600 m, innerhalb derer die Anteile vorjähriger Flächen (A_{VJ}) berechnet wurden sowie der kürzeste Abstand zwischen Boniturpunkt und nächstgelegener Vorjahresfläche (MD).

Die ermittelte A_{VJ} - Fläche [ha Möhren] für jeden der zehn Radien pro Betrieb und Jahr wurde mit den dazugehörigen Fliegenzahlen bzw. dem Befall in einfachen linearen Regressionen korreliert (siehe Anhang Abbildung X 1). Die Radien, deren A_{VJ} - Flächen die den besten Pearson-Korrelationskoeffizienten (R^2) lieferten wurden für die nachfolgende Analysen genutzt (Steffan-Dewenter et al., 2002; Westphal et al., 2006). Entsprechend der jährlich und betrieblich unterschiedlichen Entfernungen zwischen aktuellen und vorjährigen Möhrenfeldern, variierten die ermittelten Radien und die darin enthaltenen Möhrenflächen des Vorjahres sowohl zwischen- als auch innerbetrieblich (Tabelle 2).

In einer ersten Sichtung der Daten wurden die erhobenen räumlichen Risikofaktoren MD und A_{VJ} (vorerst im einheitlichen Umkreis von 500 m) mit der Anzahl Fliegen bzw. den Befallsprozenten (SKL 1 + SKL 2) als Mittelwerte pro Feld in einer Streudiagramm - Matrix (Field, 2009) korreliert. In linearen multiplen Regressionsanalysen (Field, 2009), wurden MD und A_{VJ} hinsichtlich ihres Einflusses auf das Fliegenvorkommen (Anzahl Fliegen in erster Generation) und auf die Fraßschäden (% Befall = SKL 1 + SKL 2) am Rübenkörper getestet. Dazu flossen die Faktoren MD und A_{VJ} als Daten pro Falle bzw. Boniturpunkt in die Analysen ein. Der A_{VJ} entstammte den individuell pro Betrieb und Jahr ermittelten Radien (Tabelle 2). Mithilfe der multiplen Regressionen wurde überprüft, ob der A_{VJ} aufgrund der zusätzlichen Flächeninformation eine stärkere Aussagekraft als der reine Mindestabstand besitzt.

3.3.4. Statistik

Statistische Analysen wurden mit dem Programm SPSS 17 (SPSS GmbH Software, D - München) für Windows durchgeführt. Daten wurden wurzel-transformiert (Fliegen / Falle) bzw. Befallsprozente arcsinwurzel-transformiert (Sokal & Rohlf, 1995) und pro Betrieb und Jahr mit dem Kolmogorov-Smirnov Test auf Normalverteilung geprüft sowie die Homogenität der Varianzen nach Levene getestet. Finch & Collier (2004) hielten trotz diskutierter Einschränkungen eine lineare Funktion zur Beschreibung einer Möhrenfliegenausbreitung in erster Näherung für vertretbar. Multiple lineare Regressionen im schrittweisen Rückwärtsverfahren wurden mit MD und A_{VJ} als Faktoren durchgeführt, um den Einfluss der Vorjahresflächen auf das Fliegenauftreten und den Befall pro Betrieb und Jahr zu testen

(Conradt et al., 2000; Field, 2009). Dies bedeutet, dass ein Faktor aus dem Modell entfernt wurde, sobald das Signifikanzniveau des F-Wertes ≥ 0,1 war.

Räumliche Risikofaktoren: Einfluss von Schlagdistanz und Flächengröße auf das Ausbreitungs- und Befallsgeschehen

Tabelle 2: Radien pro Betrieb und Jahr, innerhalb derer das Fliegenauftreten und der Befall am besten mit der Fläche vorjähriger Möhrenfelder korrelierten und wie sie in die multiplen linearen Regressionsmodelle einflossen.

Betrieb	Jahr	Radien [m] R^2 =max Fliegen (1. Generation)		Befall	
		MR 1	A_{VJ} [ha]	MR 1	A_{VJ} [ha]
A	2007	900	5,12	1000	3,60
	2008	600	3,04	1000	0,99
	2009	200	2,54	200	1,47
B	2007	500	2,22	1200	7,01
	2008	keine Fliegen[1]		1600	17,39
	2009	300	4,52	600	7,71
C	2007	keine Fliegen		400	4,13
	2008	800	6,22	1000	4,11
	2009	1400	9,05	1600	9,07
D	2008	1000	4,36	1000	4,34
	2009	1000	1,46	900	0,01
E	2007	300	0,88	200	0,1
	2008	400	0,12	1600	6,8
	2009	600	0,98	1200	3,2

Für eine Analyse zur Verbreitungsdistanz der Tiere wurde ein nichtparametrischer Gruppenvergleich als sogenannte Cutpoint Analyse (Backhaus et al., 2003) durchgeführt. Da nur vergleichende Aussagen zur Verbreitung der Tiere bei Wirtspflanzenangebot gemacht werden konnten (vgl. Kapitel 2.2), wurden die Streckenberechnungen der jeweiligen Cutpoints erst ab der ersten Falle im Möhrenschlag bzw. dem ersten Boniturpunkt (vorhandenes Wirtspflanzenangebot) durchgeführt und die Strecke zwischen Vorjahresfläche und erster Falle bzw. Boniturpunkt nicht mit in die MD – Berechnungen einbezogen (Abbildung 13, mit „a"

---

[1] Während des Monitoringzeitraumes der ersten Generation betrug die Anzahl Fliegen auf den Gelbklebefallen = 0.

gekennzeichnete Abschnitte). Dazu wurden auf Betrieb A die Befallswerte in Abhängigkeit der MD aufgetragen und die MD-Werte zwei Distanzklassen zugeordnet (MD 1 und MD 2), die durch den sogenannten „Cutpoint" abgegrenzt wurden. Als Cutpoints wurden jene Distanzen definiert, ab denen der jährliche Möhrenfliegenbefall in Einzelproben stets unter 15 % blieb. Gleichermaßen wurden MD - Cutpoints, separat für die 1. und 2. Generation Fliegen, festgelegt, ab denen die Fliegensumme pro Falle unter 10 bzw. 25 lag. Diese Werte für Fliegenaufkommen und Befall entsprachen dem Aufkommen der Betriebe ohne möhrenfliegenbedingten Vermarktungsproblemen und wurden in allen Untersuchungsjahren und über alle Standorten hinweg als entfernungsunabhängigen Befallshintergrund aufgefasst (Abbildung 12). Eine separate Bewertung, d.h. Festlegung eines Cutpoints für die 1. bzw. 2. Generation wurde notwendig, da die 2. Generation zahlenmäßig stärker ist. Unterhalb dieser festgesetzten Schwellenwerte wurde der Einfluss der Vorjahresflächen als unbedeutend eingestuft (Abbildung 13).

Tabelle 3: Klassifizierung des Fliegenaufkommens in 1. und 2. Generation auf Gelbklebefallen im Möhrenfeld sowie des Larvenbefalls in erntefähigen Möhrenproben in fünf Stufen.

Klasse	Fliegen (1. Gen) Σ pro Falle	Fliegen (2. Gen) Σ pro Falle	Befall (%) pro Probe
1	0	0 - 5	0 - 5
2	1 - 5	6 - 15	6 - 15
3	6 - 15	16 - 40	16 - 30
4	16 - 40	40 - 80	31 - 50
5	> 40	> 180	> 50

Die fallen - bzw. boniturpunktspezifischen Werte für MD wurden dann anhand der Cutpoints in zwei Entfernungsklassen MD 1, MD 2 unterteilt. (MD 1 mit MD = 0 - x m; MD 2 mit MD > x m und dem Cutpoint bei x m). Befall und Fliegenvorkommen wurden nach graphischer Auswertung jeweils in fünf Gruppen unterteilt (Tabelle 3) und den Distanzklassen wieder zugeordnet. Anschließend wurden die Distanzklassen mit dem Mann - Whitney U - Test (Corder & Foreman, 2009) auf signifikante Unterschiede überprüft.

Weiterhin wurden in der vorliegenden Untersuchung, unter Außenvorlassung von Schwachbefallslagen, die Anzahl Fliegen und der Befall (%) pro Feld mit dem MD in linearen Regressionen korreliert, mit dem Ziel überbetriebliche Aussagen zu Ausbreitungsdistanzen bei erhöhtem Befallsdruck treffen zu können.

3.4. Ergebnisse

3.4.1. Fliegenaufkommen und Befall

Das Schädlingsaufkommen auf den vier Betrieben (2007) bzw. fünf Betrieben (2008 - 2009) zeigte einige betriebsabhängige Unterschiede. In Einklang mit den Mitteilungen der Betriebsleiter und Betriebsleiterinnen über vorherige Fliegenprobleme, die bereits in Vorjahren zu Vermarktungsschwierigkeiten führten, zeigten erwartungsgemäß die Betriebe A und E höhere Fliegenzahlen pro Falle und mehr befallene Möhren in den Boniturproben.

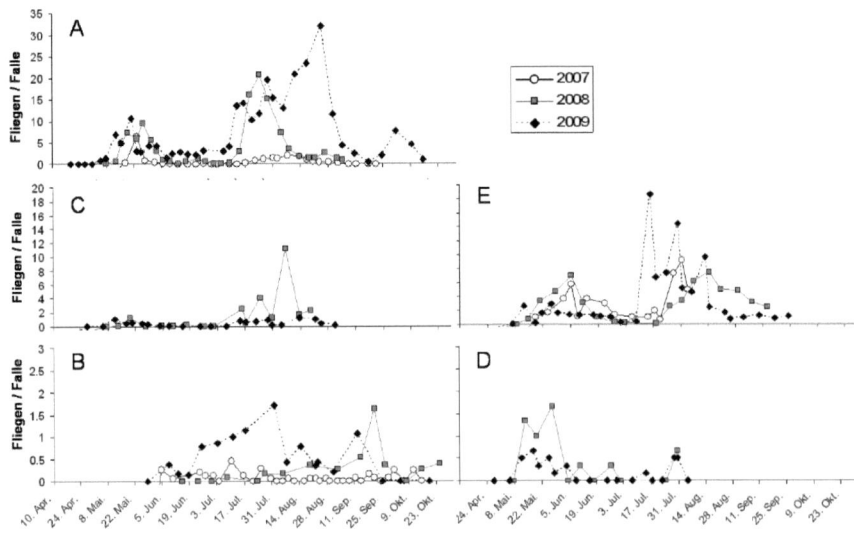

Abbildung 9: Fliegenzahlen des Gelbfallenmonitorings. Mittelwerte pro Falle im Zeitverlauf auf den Betrieben A - E der Jahre 2007 - 2009. Zu beachten: Nur innerhalb einer Ebene trägt die y-Achse die gleiche Skala.

Doch auch auf Betrieben, die kein vermarktungsrelevantes Fliegenproblem mitgeteilt hatten (Betrieb B-D) konnten Phasen des vermehrten Fliegenfluges in der 1. bis 3. Generation (Peaks)

Räumliche Risikofaktoren: Einfluss von Schlagdistanz und Flächengröße auf das Ausbreitungs- und Befallsgeschehen

über das Gelbtafelmonitoring nachgewiesen werden (Abbildung 9). Bei vergleichenden Betrachtungen der ersten und zweiten Generation Fliegen in den Befallslagen (A & E) fiel auf, dass eine deutliche Vermehrung von der ersten zur zweiten Generation stattfand (vgl. Abbildung 9, „Peaks" 1. und 2. Generation). Im Untersuchungszeitraum stieg auf diesen Betrieben das durchschnittliche Fliegenaufkommen (Abbildung 9) und der Befall (Abbildung 10) jährlich leicht an. Betrachtet man die jeweiligen Anteile von leichtem Schadfraß (SKL 1) bzw. stark befallener Möhren (SKL 2) am Gesamtbefall, wiesen insbesondere die Betriebe A und E einen hohen Anteil an Schäden der SKL 2 auf. Der Befall auf den Betrieben B, C und D war hingegen überwiegend auf Schäden der Kategorie SKL 1 zurückzuführen. Ein vermarktungsrelevantes Möhrenfliegenproblem wurde im Vorfeld nicht kommuniziert. Der Gesamtbefall schwankte von Jahr zu Jahr und lag im Mittel selten über 5 %. Trotz eines vereinzelt stärkeren Fliegenauftretens (z.B. Betrieb C 2008, Abbildung 9) kam es im Untersuchungszeitraum zu keinen Einschränkungen in der Vermarktung.

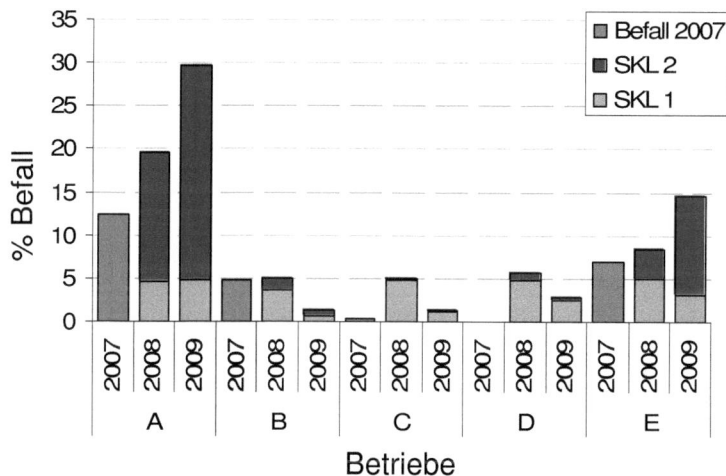

Abbildung 10: Möhrenfliegenbefall pro Betrieb und Jahr. In 2007 wurde nur der Gesamtbefall erhoben, für 2008 und 2009 sind die jeweiligen Anteile der Schadensklasse 1 und 2 (SKL 1, SKL 2) aufgetragen.

33

Räumliche Risikofaktoren: Einfluss von Schlagdistanz und Flächengröße auf das Ausbreitungs- und Befallsgeschehen

Streudiagramme über alle Mittelwerte pro Feld aller Betriebe A-E in den Versuchsjahren 2007 - 2009 zeigten einen linearen Zusammenhang zwischen dem Fliegenvorkommen auf Gelbtafeln und dem bonitierten Befall (Abbildung 11). Die Fliegensumme der 2. Generation erreichte das höchste Bestimmtheitsmaß zur Erklärung der Befallsmittelwerte je Feld (Lineare Regression: $R^2 = 0{,}86$) je Feld. Bestimmend für die Gesamtsumme der Fliegen pro Feld war vor allem die Anzahl Fliegen in der 2. Generation (Lineare Regression: $R^2 = 0{,}98$).

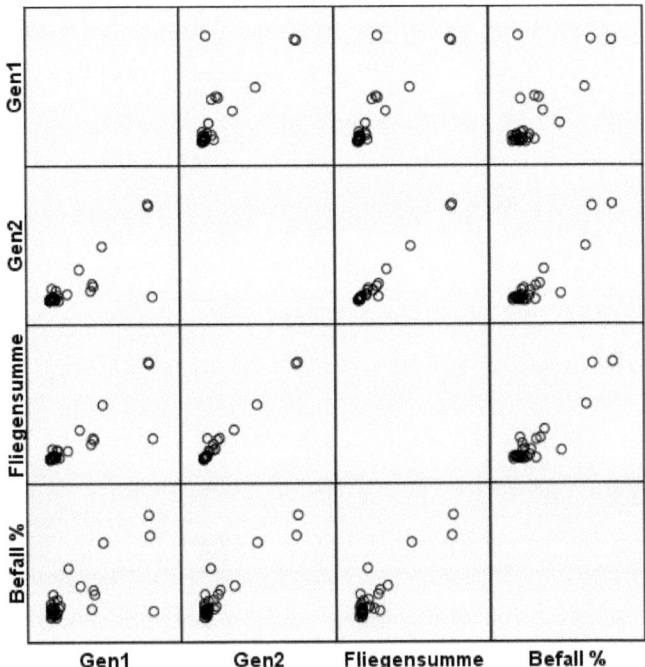

Abbildung 11: Streudiagramme von Mittelwerten pro Feld aller Betriebe und Versuchsjahre (2007-2009). Dargestellt sind Korrelationen zwischen der Fliegensumme des Gelbtafelmonitorings der 1. Generation *(Gen1)*, der 2. Generation *(Gen2)*, der Summe über den gesamten Monitoringzeitraum *(Fliegensumme)* und dem Möhrenfliegenbefall in erntefähigen Proben *(Befall %)*. (Durch die Darstellung als Streudiagramm - Matrix sind die Korrelationen in der Hälfte oben rechts spiegelbildlich zu lesen)

3.4.2. Einfluss der Vorjahresflächen - die Risikofaktoren MD und A_{VJ}

Die Ergebnisse der multiplen linearen Regressionen zeigten auf allen Betrieben in mindestens einem Versuchsjahr einen deutlichen, signifikanten Einfluss der Vorjahresflächen auf die Fangzahlen der Fliegen beziehungsweise Befallsprozente. Der Einfluss der Vorjahresflächen auf die Fliegenzahlen konnte am deutlichsten auf Betrieb A nachgewiesen werden. Tabelle 4 zeigt am Beispiel des Betriebes A in 2007 die Ergebnisse der multiplen linearen Regressionen zur Überprüfung des Einflusses des MD und A_{VJ} auf die Fliegenzahlen und den Befall an aktuellen Möhrenfeldern. Bei der Durchführung bestätigten sich auf Betrieb A sowohl bei der Anzahl Fliegen (der ersten Generation) als auch bei den Befallsprozenten zur Erntezeit ein starker negativer Einfluss des kürzesten Abstandes zur Vorjahresfläche (MD) sowie eine positive Korrelation mit der vorjährigen Möhrenfläche im jeweils untersuchten Radius (A_{VJ}).

Tabelle 4: Ergebnisse der multiplen linearen Regression zur Erklärung des Fliegenvorkommens auf Gelbtafeln in 1. Generation und des Larvenbefalls in Möhrenproben zum Erntezeitpunkt auf Betrieb A in 2007, in Abhängigkeit des jeweils kürzesten Abstandes zur Vorjahresfläche (MD) und der Fläche vorjähriger Möhrenfelder (A $_{VJ}$) im Umkreis. Beta enspricht der Steigung des Faktors, wenn alle weiteren Faktoren konstant sind, SE B ist der Standardfehler der Steigung und Beta entspricht dem standardisierten B. Die Konstante beschreibt den Schnittpunkt mit der y - Achse.

2007	Fliegen / Falle				Befall / Probe			
	B	SE B	Beta	R^2	B	SE B	Beta	R^2
Modell 1				0.66	Modell 1			0.46
Konstante	-3,4	1,64			Konstante	-0,13	0,21	
MD	$3,01^{-3}$	$1,5^{-3}$	-0,54 (*)		MD	$2,33^{-4}$	$1,88^{-4}$	0,31
A_{VJ}	0,96	0,21	1,26 ***		A_{VJ}	0,1	0,03	0,95 ***
					Modell 2			0.44
					Konstante	0,12	0,04	
					A_{VJ}	0,07	0,01	0,66 ***

Signifikanzen multipler Regressionen, Rückwärts- Verfahren, (*) p< 0,1 ; * p < 0,05; ** p < 0,01 ; *** p < 0,001

D.h. Fliegenzahlen und Befall nahmen mit zunehmender Distanz zur Vorjahresfläche ab beziehungsweise mit zunehmender Fläche vorjähriger Möhren im Radius zu. In Tabelle 4 lässt sich ablesen, dass 66 % der Varianz im Fliegenauftreten durch den MD und A_{VJ} erklärt werden. Aufgrund signifikanter Einflüsse beider Faktoren auf das Fliegenvorkommen wurde keiner der Beiden aus dem Modell entfernt. Dieselben Faktoren erklärten auch 46 % des Befalls, wobei der A_{VJ} mit 44 % Erklärungsanteil maßgeblich daran beteiligt war. Da der A_{VJ} der einzige Faktor war, dessen Einfluss auf die Zielvariable signifikant war, wurde der MD im zweiten Rechenschritt entfernt (siehe Tabelle 4, Befall / Probe).

Einen Überblick über alle signifikanten Effekte der Faktoren MD und AVJ sowie die Richtungen der Effekte gibt Tabelle 5. Detaillierte Ergebnisse zur Beschreibung aller Schritte der hierarchischen multiplen Regressionen (entsprechend der Tabelle 4) finden sich im Anhang (Tabelle X 1 bis Tabelle X 5). Der Faktor AVJ zeigte in auf allen Betrieben einen positiven Einfluss auf den Befalls und die Fliegenzahlen. Der MD zeigte jedoch auf den Betrieben B, C und D positive Einflüsse auf Fliegenzahlen und Befall. D.h. dort nahm der Befallsdruck entgegen der Erwartung mit zunehmender Distanz zu vorjährigen Möhrenfeldern zu. Bezüglich des Befalls deutet die größere Steigung des kombinierten Abstands- und Flächenmaß AVJ einen stärkeren Zusammenhang mit den abhängigen Variablen an (Tabelle 5, B(AVJ)).

Räumliche Risikofaktoren: Einfluss von Schlagdistanz und Flächengröße auf das
Ausbreitungs- und Befallsgeschehen

Tabelle 5: Übersicht der Signifikanzen der multiplen linearen Regressionen. Die Faktoren 1) kürzester Abstand zur Vorjahresfläche (MD) und 2) Fläche vorjähriger Möhrenfelder (AVJ) wurden im Rückwärts- Verfahren auf ihren Einfluss auf das lokale Fliegenauftreten (Fliegen Gen 1) und Schäden am Erntegut (Befall) getestet. B entspricht der Steigung des Modells.

Betrieb	Jahr	Fliegen (1. Gen) [2]				Befall [3]			
		MD		A_{VJ}		MD		A_{VJ}	
		B	Sig.	B	Sig.	B	Sig.	B	Sig.
A	2007	-3,01^{-3}	(*)	+0,96	***			+0,06	***
	2008			+1,1	**			+0,33	***
	2009	-4,46^{-3}	***			-2,29^{-4}	*	+0,14	**
B	2007					+3,39^{-4}	***		
	2008	keine Gen 1							
	2009			+0,14	**			+0,008	*
C	2007	keine Gen 1							
	2008							+0,19	*
	2009			+1,79^{-4}	(*)				
D	2008	Datenmenge für Berechnung zu klein		+0,001	**	+0,87	(*)		
	2009			+5,03^{-4}	**	+1,78	**		
E	2007							+0,64	***
	2008	+0,004	*	+4,4	*			+0,06	***
	2009							+0,37	*

Signifikanzen multipler Regressionen, Rückwärts- Verfahren, (*) p< 0,1 ; * p < 0,05;
** p < 0,01 ; *** p < 0,001

3.4.3. Ausbreitung im Frühjahr

Der starke geographische Zusammenhang zwischen MD und dem Schädlingsaufkommen auf Betrieb A wurde herangezogen, um Aufschlüsse über die von den adulten Fliegen der ersten Generation zurückgelegten Distanzen zu gewinnen. Aus Gründen der Übersichtlichkeit sind zur Ableitung und Visualisierung der Cutpoints die Fliegensummen und Befallsprozente in

---

[2] Fliegenzahlen waren wurzeltransformiert

[3] Befallszahlen waren arcsin-wurzeltransformiert

zwei Graphiken, Abbildung 12 und Abbildung 13, dargestellt. Zu sehen sind die Summen Fliegen pro Falle in 1. und 2. Generation in Abhängigkeit vom Faktor MD für die Jahre 2007 bis 2009 sowie die MD - abhängigen Prozente Befall (als Summe SKL1 + SKL 2) auf Betrieb A. Die beiden Abbildungen zeigen deutlich eine Abnahme von Fliegen mit zunehmender Distanz, die sich mit gleichem Muster im Befallsausmaß widerspiegelt. Die horizontalen Linien in Abbildung 12 trennen die Lagen mit geringem Fliegenzahlen (Schwachbefallslagen) von Fallen - bzw. Boniturstandorten mit erhöhtem Schädlingsdruck. Ein dauerhafter „Abfall" unterhalb der Schwellenwerte (10 (1. Generation) bzw. 25 Fliegen (2. Generation), 15 % Befall) indizierte den jeweiligen Cutpoint (vertikale Linien, Abbildung 13) als Grundlage für Einteilung der Distanzklassen. Die ermittelten Cutpoints [m], als Teilstrecken der MD Abbildung 13 (<->b)), sind in Tabelle 6 abzulesen. Jenseits der Cutpoints lag das Schädlingsaufkommen in den Jahren 2007 - 2009 auf einem Niveau von durchschnittlich 2 - 4 Fliegen / Falle in der 1. Generation und 4-12 Fliegen / Falle in der 2. Generation. Der durchschnittliche Befall pro Probe zwischen 4 und 5 %.

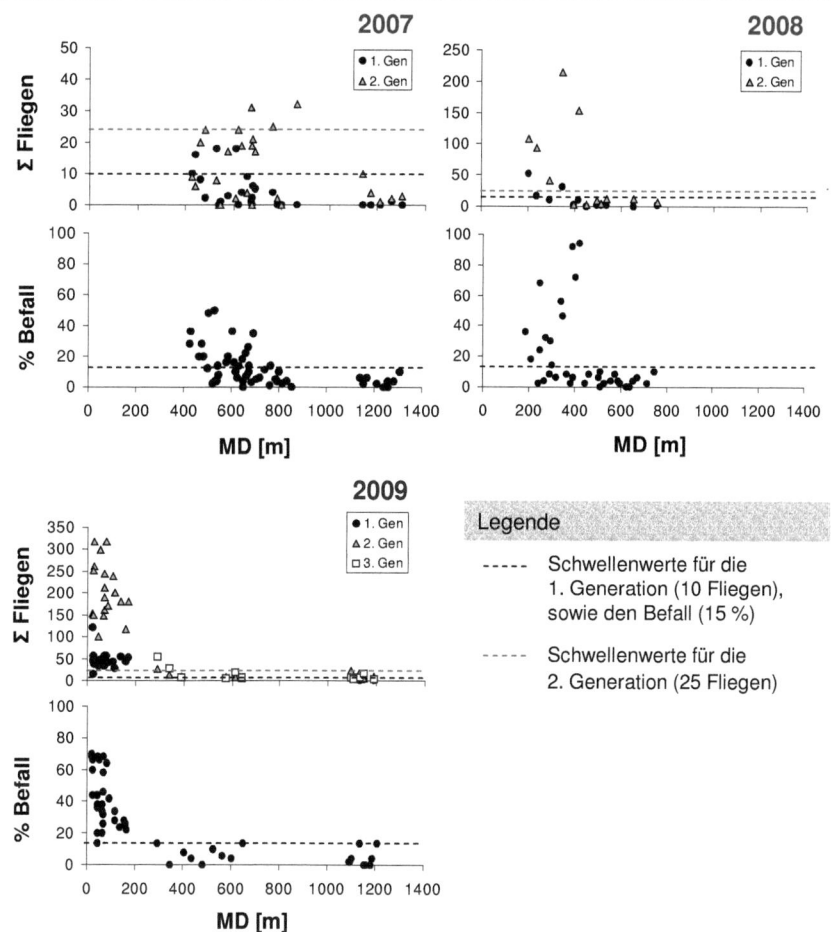

Abbildung 12: Das Auftreten der 1.- 2. (3.) Generation Möhrenfliege als Summe pro Falle ((jeweils oben) sowie Prozent Befall pro Boniturprobe (jeweils unten) in Abhängigkeit der jeweiligen Distanz zwischen Falle bzw. Bonitur und Vorjahresfläche (MD). Dargestellt für die Jahre 2007-2009 auf Betrieb A.

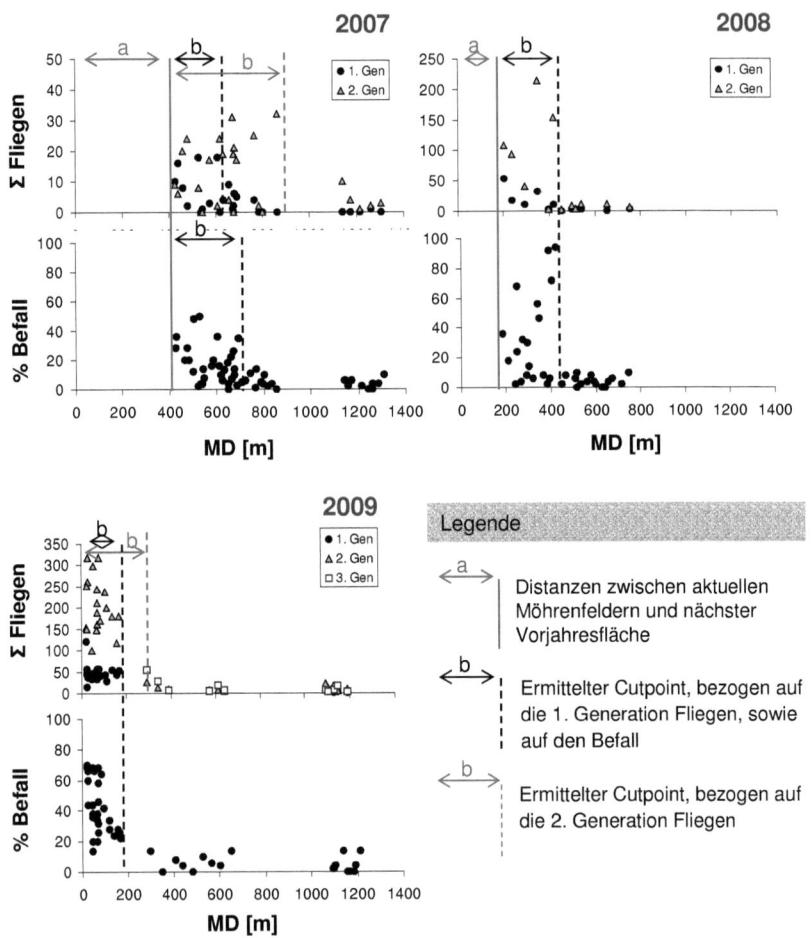

Abbildung 13: Das Auftreten der 1.- 2. (3.) Generation Möhrenfliege als Summe pro Falle (jeweils oben) sowie Prozent Befall pro Boniturprobe (jeweils unten) in Abhängigkeit der jeweiligen Distanz zwischen Falle bzw. Bonitur und Vorjahresfläche (MD). Dargestellt für die Jahre 2007-2009 auf Betrieb A.

3.4.3.1. Analysen zur Anbaudichte über die „Cutpoint Analyse"

Ein Vergleich zwischen den Gruppen mit dem Mann – Whitney U – Test zeigte bezüglich Fliegenvorkommen und Befall ein signifikant vermindertes Schädlingsaufkommen in der zweiten Distanzklasse in allen drei Versuchsjahren (Tabelle 6).

Tabelle 6: Ergebnisse der „Cutpoint - Analyse" auf Betrieb A. Dargestellt für die Jahre 2007 bis 2009 sind die Cutpoints [m], links und die U-Statistik, rechts.

	Cutpoints - MD [m]			U Statistik[*]		
	Fliegen (1. Gen)	Fliegen (2. Gen)	Befall	Fliegen (1. Gen)	Fliegen (2. Gen)	Befall
2007	185	440	266	$U = 29{,}5$; $n_1 = 9$; $n_2 = 17$; $P = 0{,}008$	$U = 20$; $n_1 = 21$; $n_2 = 5$; $P = 0{,}023$	$U = 112{,}5$; $n_1 = 30$; $n_2 = 20$; $P < 0{,}001$
2008	218	218	236	$U = 2$; $n_1 = 6$; $n_2 = 6$; $P = 0{,}008$	$U = 5$; $n_1 = 6$; $n_2 = 6$; $P = 0{,}030$	$U = 48$; $n_1 = 19$; $n_2 = 16$; $P < 0{,}001$
2009	148	271	146	$U = 0$; $n_1 = 22$; $n_2 = 5$; $P < 0{,}001$	$U = 1$; $n_1 = 23$; $n_2 = 10$; $P < 0{,}001$	$U = 3{,}5$; $n_1 = 31$; $n_2 = 18$; $P < 0{,}001$

[*] Angegebene Signifikanzen des Mann-Whitney U - Tests sind zweiseitig, n_1 entspricht der Fallanzahl in Gruppe MD 1, n_2 der Fallanzahl in Gruppe MD 2.

In den drei Versuchsjahren variierte der Abstand zwischen nächstgelegenem vorjährigen Möhrenfeld und aktuellen Fallen (siehe Abbildung 13, mit „a" gekennzeichnete Abschnitte). Das aktuelle Fliegenaufkommen als auch der Befall fiel jedoch jeweils nach wenigen hundert Metern stark ab (Abbildung 13, mit „b" gekennzeichnete Abschnitte). In den Fällen, wo aktuelle Möhrenfelder direkt neben der Vorjahresfläche lagen (vgl. Abbildung 13, 2009), war das Fliegenauftreten auf diese Fallen konzentriert, während weiter entfernt deutlich weniger Fliegen und weniger Befall nachweisbar waren. Lag die Vorjahresfläche jedoch in größerer Distanz, überwanden die Möhrenfliegen mehrere hundert Meter bis zum nächstgelegenen Feld (2007 und 2008) und das Schädlingsaufkommen sowie der Befall nahmen erst darüber hinaus deutlich ab.

Die Ergebnisse zeigen, dass die Möhrenfliegen im Frühjahr variierende Distanzen von 20 bis 400 m überwanden und - ab vorhandenem Wirtspflanzenangebot - mit einem verstärkten Befall innerhalb der ersten ~ 300 m zu rechnen war (Abbildung 13). Das Fliegenvorkommen in der 2. Generation streute etwas stärker. Obwohl der Zusammenhang mit der Vorjahresfläche nur noch indirekt gegeben war, bestand der negative Zusammenhang mit dem MD jedoch fort. Der Cutpoint lag mit maximal 440 m (2007) 0 - 255 m höher als bei der 1. Generation (Tabelle 6). Weiterhin wiesen Fliegenzahlen und Befall nach dem starken Abfall keinen asymptotischen Verlauf gegen Null auf, sondern stagnierten jenseits des Abfalls auf deutlich geringerem Niveau.

3.4.3.2. Maximale Ausbreitung der Möhrenfliegen im Frühjahr

Um betriebsübergreifende Muster zum Einfluss der Vorjahresflächen zu identifizieren, wurden das Fliegenvorkommen (der 1. Generation) und der Befall pro Feld aller Betriebe und Versuchsjahre mit den Risikofaktoren MD und A_{VJ} (als Annäherung im Radius von 500 m) korreliert. Abbildung 14 zeigt Streudiagramme für Fliegenzahlen (links) und Befall (rechts) in Korrelation mit den quantifizierten Risikofaktoren. Der $A_{VJ\ 500}$ (im Umkreis von 500 m) und der MD korrelierten naturgemäß negativ miteinander, da die Werte des MD individuell zwischen Vorjahresfläche und aktueller Falle / aktuellem Boniturpunkt erhoben wurden, der A_{VJ} jedoch pauschal innerhalb von 500 m berechnet wurde. Lagen die vorjährigen Möhrenfelder weit entfernt (großer MD) war folglich der Flächenanteil innerhalb des festen Radius geringer. Während A_{VJ500} keinen betriebsübergreifenden Zusammenhang mit dem Schädlingsaufkommen erkennen ließ, schien der MD einen negativen Einfluss zu zeigen (Abbildung 14, Streudiagramme jeweils oben rechts: Befall in Abhängigkeit vom MD). Jedoch streuen die Datenpunkte mit geringen Fliegen- und Befallszahlen über alle Distanzen.

Räumliche Risikofaktoren: Einfluss von Schlagdistanz und Flächengröße auf das Ausbreitungs- und Befallsgeschehen

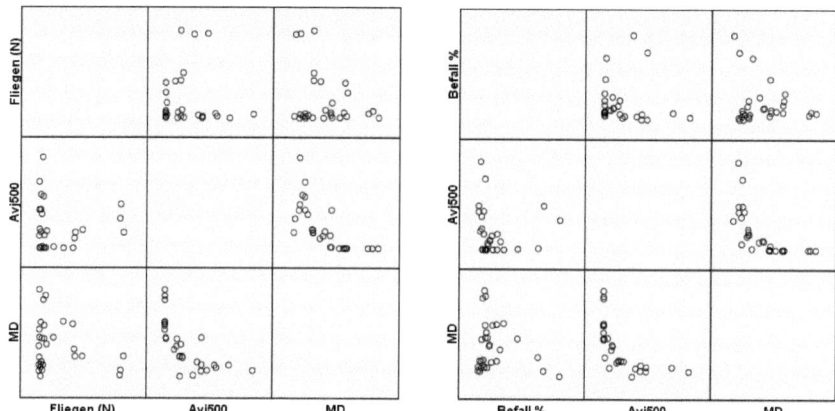

Abbildung 14: Streudiagramme zur Darstellung der 1. Generation Fliegen (links) und der Befallsprozente (rechts) aller fünf Betriebe 2007-2009 in Abhängigkeit des Abstandes zum nächstgelegenen Vorjahresfeld (MD) und der Fläche vorjähriger Möhren im Umkreis von 500 m (AVJ 500), dargestellt als Mittelwerte pro Feld. (Durch die Darstellung als Streudiagramm - Matrix sind die Korrelationen in der Hälfte oben rechts spiegelbildlich zu lesen)

Zur Annäherung an die Ausbreitungsdistanzen der Fliegen im Frühjahr bei vorhandenem Befallsdruck, wurden wie in Kapitel 3.4.3.1 nur Felder mit durchschnittlichen Fliegensummen in der ersten Generation von ≥10 Fliegen / Falle sowie Felder mit einem mittleren Befall von >15 % in eine lineare Regression mit dem MD einbezogen. Unter Ausschluss dieser Schwachbefallslagen, also Betrieben mit überwiegend entfernungsunabhängigem und geringem Fliegenvorkommen, zeigten sich signifikante lineare Zusammenhänge zwischen dem Fliegenaufkommen sowie dem Befall im Feld und der jeweiligen Entfernung zu einer Vorjahresfläche (Fliegen pro Falle: R^2 = 0,63; F = 10,09; P = 0,019. Befall: R^2 = 0,97; F = 84,25; P = 0,003), Abbildung 15. Unter den gegebenen Versuchsbedingungen und Flächenkonstellationen sank der Schädlingsdruck mit zunehmender Entfernung zu vorjährigen Möhrenfeldern. Ein Absinken des Befalls auf null Prozent wäre demnach ab einer Distanz von ca. 1 km zu einer vorjährigen Möhrenfläche zu erwarten (Abbildung 15).

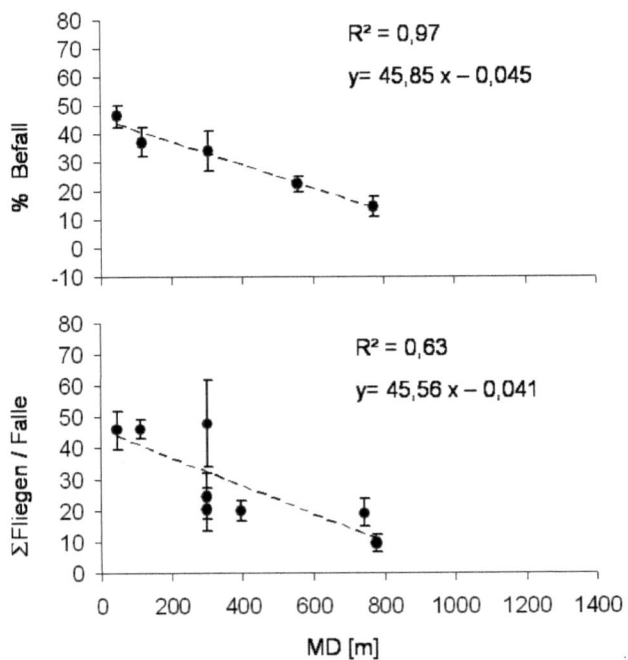

Abbildung 15: Lineare Regressionen der mittleren Anzahl Fliegen pro Falle, in 1. Generation (n = 5 Fallen / Feld, oben), sowie des durchschnittlichen Befalls pro Probe (n = 9 Proben pro Feld, unten) mit dem kürzesten Abstand des Feldes zu einer Vorjahresfläche (MD [m]). Dargestellte Datenpunkte entsprechen Mittelwerten und Standardfehler pro Feld von fünf Betrieben und drei Versuchsjahren (2007 - 2009) nach vorherigem Ausschluss der Felder aus Schwachbefallslagen (< 10 Fliegen / Falle bzw. < 15 % Befall pro Probe).

3.5. Diskussion

Das kombinierte Abstands- und Flächenmaß A_{VJ} zeigte in multiplen linearen Regressionen insgesamt eine größere Erklärungskraft als der MD und legt nahe, dass nicht nur die Distanz, sondern auch die flächigen Ausmaße des lokalen Möhrenanbaus einen signifikanten Risikofaktor darstellen. Die Tatsache, dass die Distanzen zwischen aktuellen und vorjährigen Möhrenfeldern innerbetrieblich und zwischen den Jahren stark variierten, schränkt die Überprüfungsmöglichkeit der eingangs formulierten Fragestellung zu einem einheitlichen maximalen Verbreitungsradius der Möhrenfliegen anhand des A_{VJ} ein (Abbildung X 1). Die Radien mit bester Korrelation zwischen A_{VJ} und den Fliegen- und Befallszahlen zeigten je nach Flächenkonstellation Schwankungen von 200m - 1400m (Fliegen) bzw. 200m - 1600m (Befall) (Tabelle 2). Die für die Quantifizierung „relevanter" A_{VJ} herangezogenen Radien können als Spanne relevanter Radien für das Befallsrisiko aufgefasst werden. Die gewählte Methode zur Bestimmung nur eines Bezugsradius über den maximalen Pearson Korrelationskoeffizienten wurde als methodisches Werkzeug genutzt, um den unterschiedlichen Flächenkonstellationen gerecht zu werden. Die Höhe der quantifizierten Vorjahresflächen zeigte vergleichsweise große Unterschiede, die keinen Rückschluss auf den zu erwartenden Befall zuließen. Auch besteht die Möglichkeit, dass die weiteren beteiligten lokalen Einflussgrößen wie Vorbefall, Vegetation, Bodenbeschaffenheit oder -feuchte einen überbetrieblichen Effekt des A_{VJ} auf das Schädlingsaufkommen überdeckt haben könnten. Mit Bezug auf die zweite Arbeitshypothese lässt sich der A_{VJ} zwar als signifikant bedeutsamen, für die Praxis aber weniger handhabbaren Risikofaktor zur Abschätzung eines Möhrenfliegenbefalls werten.

Das Fliegenaufkommen auf Fallen und der Befall an erntereifen Möhren zeigten jeweils eine deutliche Abhängigkeit von ihrer Entfernung zur nächstgelegenen Vorjahresfläche (MD). Die Ergebnisse zum geographischen Zusammenhang zwischen dem MD und dem Schädlingsaufkommen bestätigen die Annahme, dass für Möhren anbauende Betriebe die vorjährigen Möhrenfelder die wichtigste Quelle an Möhrenfliegen darstellen. Ein wesentliches Ergebnis der Untersuchungen ist die dokumentierte Anpassung der adulten Tiere an das lokale Möhrenangebot. Bei Abständen von 20, 200 und 400 m zwischen Vorjahresfläche und aktuellem Möhrenfeld schienen die Fliegen jeweils auf das nächstgelegene Feld konzentriert zu sein. Lineare Regressionen, die mit Befallswerten pro Feld durchgeführt wurden, ließen einen signifikanten Zusammenhang zwischen dem Schädlingsaufkommen und dem MD erkennen. Unter den vorliegenden Versuchs- bzw. Anbaubedingungen erfolgte die vermehrte Schädlingsverbreitung innerhalb von ca. 1000 m um vorjährige Möhrenfelder (Abbildung 15). Bevor auf Grundlage einer solche Verteilung der Tiere die Ausbreitungskapazität abgeleitet wird, sollte hinterfragt werden, ob das Fliegenvorkommen in einem passenden räumlichen Bezug untersucht wurde. Eine zu klein gewählte Skala der Untersuchungsfläche kann zu einer Unterschätzung der Ausbreitung führen (Schneider, 2003). Aufgrund der im Versuch

Räumliche Risikofaktoren: Einfluss von Schlagdistanz und Flächengröße auf das Ausbreitungs- und Befallsgeschehen

vorgelegenen Flächenkonstellationen mit MD - Werten von maximal 1400 Metern, häufiger jedoch von < 300 Metern, lässt sich nicht ausschließen, dass die Tiere Distanzen auch deutlich über 1 km überwunden hätten, wenn keine Möhrenfelder innerhalb dieses Radius zur Verfügung gestanden hätten.

Neben den vorliegenden Ergebnissen spricht jedoch auch eine theoretische Überlegung für eine maximale Verbreitungskapazität von der Größenordnung ca. eines Kilometers. Nimmt man eine durchschnittliche Ausbreitungsgeschwindigkeit der Fliegen von 100 m pro Tag als Annäherung an (Finch & Collier, 2004), lässt sich eine maximale Verbreitungskapazität anhand der zur Verfügung stehenden Lebensspanne schätzen. Die Migration der Möhrenfliegen findet im Zeitraum nach dem Schlupf und vor der Eiablage statt. In Laboruntersuchungen wurde das Alter von weiblichen Möhrenfliegen, deren Puppen aus dem Freiland gewonnen wurden und die mit einer Zuckerlösung gefüttert wurden mit durchschnittlich 32 Tagen (Körting, 1940) bzw. mit 18 Tagen bei begatteten und 17 Tagen bei unbegatteten Weibchen (Bohlen, 1967) dokumentiert. Mittelt man die Lebensdauer der 32 untersuchten Tiere beider Studien kommt man auf durchschnittliche 19,3 Tage. Ohne Zuckergabe (nur Wasser) lebten Fliegen bei Körting (1940) nur durchschnittlich 7,8 (2 - 24) Tage. Auch unter den Bedingungen des Freilandes muss mit lebensverkürzenden Umständen oder reduzierten Flugtagen gerechnet werden. Während ein Nahrungsmangel die Lebenszeit und Eiproduktion zu reduzieren scheint, verzögert auch stärkerer Wind den Abflug der Imagines nach dem Schlupf (Wakerley, 1963; Städler, 1972). Van 't Sant (1961) schätzt den Zeitraum vom Schlupf der Möhrenfliegen bis zur Eiablage auf 1 bis ±10 Tage. Betrachtet man die Größenordnungen dieser beobachteten Lebenslängen und macht entsprechende Abschläge für die Freilandbedingungen, liegt die Schlussfolgerung nahe, dass eine aktive Verbreitung über wenig mehr als 10 Tage x 100 m / Tag = 1000 Meter erfolgt.

Die Ergebnisse der vorliegenden Studie werfen die Frage auf, ob die Verbreitung von adulten Möhrenfliegen im Frühjahr aus zwei „funktionellen Teilstrecken" bestehen, mit möglicherweise unterschiedlichen Implikationen für die Anbaupraxis. Diese möglichen Teilstrecken beschreiben die Verbreitung der Fliegen a) nach dem Schlupf auf der Suche nach geeigneten

Räumliche Risikofaktoren: Einfluss von Schlagdistanz und Flächengröße auf das Ausbreitungs- und Befallsgeschehen

Wirten einerseits und b) unter den Bedingungen eines vorherrschenden Wirtspflanzenangebotes, wie etwa nach dem Erreichen eines Möhrenfeldes andererseits. Die erste Teilstrecke wäre demnach flexibel und vom lokalen Möhrenangebot abhängig, bis zu 1000 m. Für eine Annäherung an die zweite Teilstrecke ab Eintreffen am 1. Möhrenfeld wurde auf Betrieb A, unter Verwendung einer vorab festgelegten Schwelle für Niedrigbefall (Cutpoints), eine deutliche Reduktion der Schädlinge auf Fallen und in Proben nach ca. 300 m nachgewiesen. Diese Strecke beschreibt somit eine Verbreitung der Tiere auf der Luftlinie zur Vorjahresfläche, jedoch erst ab einem erstmöglichen Wirtspflanzenkontakt (Abbildung 13). Zwar enthält dieses Ergebnis Unschärfen, dass die Tiere auch über mehr oder weniger große Umwege zu aktuellen Feldern gelangt sein können. Dennoch ist die Abhängigkeit von Vorjahresflächen offensichtlich, da das Gebiet einer verstärkten Möhrenfliegenpräsenz trotz fortwährenden Wirtsangebotes auf einen wenige hundert Meter breiten Sektor begrenzt war. Schlussfolgernd wird die Verbreitung von Möhrenfliegen mit Distanzen der Größenordnung von 300 - 500 Metern unter den Bedingungen eines vorherrschenden Möhrenangebotes im Vergleich zur „ersten Teilstrecke" als deutlich begrenzter eingestuft. Dieses Ergebnis kann wichtige Anhaltspunkte für die betriebliche Flächenplanung liefern. Die Wahl der Cutpoints erforderte eine Festlegung von Grenzwerten für tolerierbare Fliegen- und Befallszahlen am Möhrenfeld. Im integrierten Pflanzenschutz beträgt die Bekämpfungsschwelle für einen Befall unter 3 % bis Juni 10 Fliegen pro Falle und Woche (1. Generation Fliegen) und ab Juli 5 Fliegen pro Falle und Woche (2. Generation Fliegen) (Gebelein et al., 2004). Die verwendeten Grenzwerte zur Definition von Niedrigbefallslagen von 10 beziehungsweise 25 Fliegen in der ersten beziehungsweise zweiten Generation entsprachen somit 1,25 bzw. 2,5 Fliegen pro Woche und Falle. Während der Zeit des erhöhten Fliegenauftretens (Peak Flug) von etwa 3 Wochen im Mai und 4 Wochen im Zeitraum Juli bis September lagen die Fliegenzahlen zwar etwas höher als im Durchschnitt, blieben jedoch meist unterhalb der empfohlenen Behandlungsschwellen (Abbildung 9). Nach Kriterien des integrierten Pflanzenschutzes ließen sich entsprechende Standorte somit als Niedrigbefallslagen einstufen.

Die durchgeführten Analysen geben Aufschlüsse über die Verbreitung adulter Möhrenfliegen der 1. Generation im Frühjahr. Geht man von einem vergleichbaren Ausbreitungsverhalten in

Räumliche Risikofaktoren: Einfluss von Schlagdistanz und Flächengröße auf das Ausbreitungs- und Befallsgeschehen

der zweiten Generation aus, muss diese Distanz auch zwischen Feldern eines Anbaujahres gewahrt werden, um ein Übersiedeln zu vermeiden. Die Ergebnisse der Cutpoint Analyse in Kapitel 3.4.3.1 legen nahe, dass sich Möhrenfliegen in der 2. Generation mit 0 - 250 m nicht deutlich über den Radius der 1. Generation hinaus verbreiteten. Für die 2. Generation stellen Vorjahresflächen bzw. der MD nur ein indirektes Erklärungsmaß dar, denn die Fliegenquellen für die 2. Generation sind die aktuellen Möhrenflächen. Der MD enthält als einfacher Parameter keine Information über Abstände zu weiteren aktuellen Möhrenfeldern, von denen in der 2. Generation Zuwanderungen erfolgt sein könnten. Dass der MD dennoch einen großen Teil des Fliegenaufkommens in der 2. Generation erklären konnte, unterstreicht die geringe Ausbreitungsdistanz der Fliegen. Diese Beobachtung wird auch durch die Korrelation der durchschnittlichen Fliegenzahlen von erster und zweiter Generation pro Feld unterstützt (Abbildung 11). Dies legt die Interpretation nahe, dass Wanderbewegungen der 2. Generation überwiegend im selben Feld stattfinden, solange ausreichend Wirtspflanzenangebot besteht. Der Ausbreitung der 1. Generation Fliegen sollte in der Möhrenfliegenprävention somit besondere Aufmerksamkeit zukommen, da sie mit dem Initialbefall das Risiko eines vermarktungsrelevanten Fliegenschadens wesentlich beeinflusst. Auch dies stellt ein wichtiges Ergebnis für die Anbauplanung dar.

Die Datenaufnahmen der Fliegensummen und Befallsprozente erfolgten anhand eines praxisüblichen Gelbtafelmonitorings sowie Befallsbonituren in einem Probenraster (vgl. Kapitel 2.2). Detaillierte Informationen zur Verteilung der Fliegen innerhalb von Feldern sind von Finch et al. (1999) zusammengefasst worden. In den vorliegenden Versuchen gaben die Fangsummen Aufschluss über relative Fliegenzahlen in gefährdeten Feldrandbereichen und bildeten somit einen Indikator für den lokalen Befallsdruck, sagen jedoch nichts über die Verteilung der Fliegen innerhalb des Feldes aus. Ein Fliegen – Monitoring über das gesamte Feld wäre unter Praxisbedingungen aufgrund des häufigen Befahrens der Felder mit Maschinen nicht durchführbar gewesen. Die entnommenen Befallsproben im 3 x 3 Raster (Kapitel 2.2), führen im Hinblick auf die Befallsinterpretation pro Feld zu einer leichten Überwertung des Befalls, da durch das Raster die Feldrandbereiche stärker berücksichtigt sind, verbessern jedoch den Vergleich von verschieden großen Feldern.

Für die Anbaupraxis ist die Identifikation eines Mindestabstandes zu Vorjahresflächen auf Feldniveau, ab dem ein Befall vernachlässigbar wird, äußerst wünschenswert (Buck, 2006; Herrmann et al., 2008). Als eingängige Faustzahl in der Möhrenfliegenprävention eignet sich der MD auf somit besser als Angaben zum Av_J. Aufgrund der hier vorliegenden Ergebnisse und in Abwägung der umfangreichen Literatur kann Betrieben mit großflächigem Möhrenanbau ein eingeschränkter Mindestabstand von 1 km zwischen aktuellem Möhrenfeld und Fliegenquellen empfohlen werden. Dies muss schlussfolgernd auch für Abstände zwischen frühen und späten Sätzen eines Jahres gelten.

4. Zeitliche Risikofaktoren: Einfluss des Saat- und Erntetermins auf das Ausbreitungs- und Befallsgeschehen

4.1. Zusammenfassung

Der Möhrenanbau von fünf Betrieben wurde über einen Zeitraum von drei Jahren in seiner zeitlichen Ausprägung erfasst und die einzelbetriebliche Möhrenpräsenz – vom Auflauf bis zur Befallsbonitur – mit der simulierten Entwicklung der Möhrenfliege (SWAT 5.1) verglichen. Mit dem Ziel, das Vermehrungspotential und das mittelfristige Befallsrisiko eines Betriebes abzuschätzen, wurde als Indikator die Summe der simulierten Entwicklungstage Puppen (zweiter Generation) herangezogen. Es zeigte sich, dass unter den untersuchten Betrieben jene ein vermehrtes Möhrenfliegenaufkommen hatten, die über eine lange Anbausaison von ca. April bis Oktober verfügten und es wird geschlussfolgert, dass dadurch sowohl die Entwicklung der ersten als auch der zweiten Fliegengeneration unterstützt wird. Betriebe mit einem geringen Fliegenaufkommen zeigten einen Anbauschwerpunkt bei frühen oder späten Möhren, deren Koinzidenz mit der Fliege nur jeweils eine Generation zu unterstützen schien. Daraus abgeleitete Präventionsmöglichkeiten bestehen hinsichtlich der Vermeidung einer Koinzidenz über zwei Generationen. Die Nutzungsmöglichkeit der räumlichen Separation früher und später Sätze wird hinsichtlich wirtschaftlicher und praktischer Rahmenbedingungen diskutiert.

4.2. Einleitung

Der Schlupf der Möhrenfliegen im Frühjahr ist primär temperaturabhängig (Overbeck, 1978; Phelps et al., 1993; Collier & Finch, 1996). Das Erscheinen der Fliegen ist somit von den lokalen Luft- und Bodentemperaturen beeinflusst. Es werden pro Jahr 2 – 3 Generationen an Möhrenfliegen ausgebildet. In Deutschland erscheint die erste Generation ab Mitte / Ende April, die zweite Generation ab Anfang / Mitte Juli, eine dritte Generation, wenn vorhanden, erscheint ab September, teilweise überlappend mit der zweiten Generation. Die jeweiligen Flug- und Eiablageaktivitäten sind dabei ebenfalls von den Wetterverhältnissen abhängig. So zeigen die Fliegen eine Temperaturpräferenz von 18 - 24 °C (Wakerley, 1964) und bei höheren Windstärken ist die Flugaktivität reduziert (Baker et al., 1942; Städler, 1972). Bei hohen Temperaturen von in der Regel über 25 °C im Sommer kann ein Entwicklungsstopp, die so genannte Aestivation oder Sommerruhe, ausgelöst werden, die die Weiterentwicklung der Möhrenfliegenpuppen zeitlich verzögert (Collier & Finch, 1996).

Ebenso temperaturabhängig ist die Entwicklung der Möhre, deren Entwicklungszeit in den verschiedenen Reifegruppen aber unterschiedlich verläuft. Es lassen sich Sortengruppen anhand der Entwicklungs- bzw. Standzeiten der Möhren (Zeitraum zwischen Aussaat und Erntebeginn) unterscheiden (Krug et al., 2003). Im ökologischen Feldgemüsebau werden frühe Sorten für den Frischmarkt (70 - 105 Tage) und spätere Sorten zur Lagerung und industriellen Weiterverarbeitung (Waschmöhren, 120 - 190 Tage-Sorten) angebaut. Lassen es die Bodenverhältnisse zu (auf leichten Standorten), können frühe Sorten schon im Februar gesät werden. Diese ermöglichen eine Ernte bereits ab Mitte Juni. Spätere Sorten werden ab Mitte April und bis Mitte Juni gesät und von August bis November geerntet. Da im Ökologischen Möhrenanbau die Staffelung der Aussaat üblich ist, um Arbeitsspitzen zu vermeiden, Anbaurisiken zu verteilen und Märkte kontinuierlich zu bedienen, können sich auch innerhalb eines Feldes Abschnitte mit unterschiedlichen Standzeiten (Sätze) ergeben. Daher lässt sich der Risikofaktor der zeitlichen Überschneidung von Möhren- und Fliegenentwicklung nicht losgelöst von den räumlichen Risikofaktoren (insbesondere nah gelegene weitere Anbauflächen als Fliegenquellen) betrachten. Einen Einfluss auf das Erscheinen der 2. Generation Fliegen zeigten auch die Saatzeitpunkte. Möhren, die Ende März gesät wurden brachten deutlich mehr Fliegen hervor als Versuchsflächen, die Ende Juni gesät wurden (Collier & Finch, 2009). Frühe Sätze scheinen daher gefährdeter zu sein als sehr späte. Während die erste Generation Fliegen ihren Schaden in frühen Sätzen anrichtet, werden späte Sätze jedoch durch die zahlenmäßig stärkere zweite Generation bedroht. Es ist somit zu erwarten, dass das zeitliche Zusammenspiel von Möhren- und Schädlingsentwicklung einen deutlichen Einfluss auf den lokalen Fliegendruck und vermarktungsrelevante Schäden zeigt.

Für die zeitliche Risikobewertung eines Möhrenfliegenbefalls wurde das Simulationsmodell SWAT als möglicherweise wichtiges Instrument erprobt, welches auf Basis der

Tagesmittelwerte die temperaturabhängigen Populationsdynamiken verschiedener „Gemüsefliegentaxa", Kleine Kohlfliege, Möhrenfliege und Zwiebelfliege, berechnet (Otto & Hommes, 2000). Das Programm simuliert den Zeitraum des zeitlichen Auftretens für die einzelnen Entwicklungsstadien Fliegen, Eier, Larven und Puppen. So kann unter Nutzung lokaler Klimadaten einer nahe liegenden Wetterstation das Möhrenfliegenauftreten und dessen Koinzidenz mit den betriebseigenen Möhrenflächen abgeschätzt werden (zur genaueren Funktionsweise von SWAT siehe Kapitel 2.3).

Arbeitshypothese zeitliche Koinzidenz:

Daten zu den einzelbetrieblichen Standzeiten der jeweiligen Möhrensätze und deren Überschneidung mit der lokal simulierten Fliegenentwicklung sollten Risiko-Konstellationen identifizieren und Nutzungsmöglichkeiten einer verminderten „Befallsexposition" aufzeigen. Insbesondere wurde mit Hilfe des Simulationsmodell SWAT getestet, ob die Koinzidenz von Möhren und Schädling einzelbetriebliche Unterschiede in der Entwicklung einer oder mehrerer Generationen zur Folge hat.

4.3. Material und Methoden

4.3.1. Erfassung der Möhrenentwicklung

Informationen zur lokalen Möhrenentwicklung wurden auf den Betriebe A - E von 2007 bis 2009 auf der Grundlage der einzelnen Möhrensätze gesammelt. Zur Dokumentation der Möhrenentwicklung wurden 1) der Tag der Aussaat, 2) der Beginn der Ernte, 3) das Auflaufen der Möhren (Datum, an dem ca. 50 % der Keimblätter aufgelaufen sind (Lindner & Billmann, 2006)) sowie 4) die Boniturtermine notiert. In der Regel werden Möhren im großflächigen Anbau jedoch über einen Zeitraum mehrerer Tage bis Wochen geerntet (Krug et al., 2003), abhängig vom Wetter und der Abnahme durch die Vermarktung. Zum Boniturtermin waren die Möhren erntefähig, somit wurde dieses Datum mit dem Beginn der Erntezeit gleichgesetzt und diente folglich zur Berechnung der untersuchungsrelevanten Möhrenpräsenz (Auflauf der

Möhren bis zur Bonitur). Der Befall in den einzelnen Sätzen wurde entsprechend der Ausführungen in Kapitel 2.4 bonitiert.

4.3.2. Zeitliche Koinzidenzermittlung mit SWAT

Die lokale Fliegenentwicklung wurde mithilfe des Modells SWAT 5.1 simuliert. Die Simulationen fanden auf Grundlage der Klimadaten der nächstgelegenen Wetterstation pro Betrieb statt (vgl. Kapitel 2.3). Das Programm gibt unter anderem einen Querschnitt durch die Altersstruktur der simulierten Population aus (Abbildung 16, unterer Bildteil). Die relativen Häufigkeiten der einzelnen Altersstufen in der lokalen Population des Schädlings werden für jedes beliebige Datum als Balken verdeutlicht. Da die Simulation auf der Grundlage einer ideellen Ausgangspopulation beruht, lässt sich das Schädlingsauftreten, beispielsweise die Anzahl schädigender Larven oder Puppen, nicht quantitativ simulieren. Um dennoch Aussagen der Simulationen quantifizieren zu können und auf ihren Einfluss zu überprüfen, wurde die Anzahl der Tage gezählt, über die eine Puppenentwicklung stattfand. Eine aktive Puppenbildung der 2. und 3. Generationen bedeutet, dass Larvenfraß stattgefunden hat und die Larve zur Verpuppung die Wirts-Möhre bereits verlässt. Insbesondere die Nachkommen ab der 2. Generation Fliegen tragen in der Praxis zu einem verstärkten und damit vermarktungsrelevanten Schaden bei (vgl. Kapitel 3.4.1). Für eine zeitliche Koinzidenz mit adulten Möhrenfliegen und für den potentiellen Befall ist die Periode vom Auflaufen der Keimblätter bis zur Möhrenernte entscheidend. Tabelle 7 verdeutlicht die zeitliche Möhrenpräsenz auf den Betrieben pro Satz vom Auflauf bis zur Befallserhebung als grüne horizontale Balken. Die Phasen der Eiablage (1. und 2. Generation) sind, zur Visualisierung der Koinzidenz, durch pinke Schraffuren gekennzeichnet. Die Periode der Puppenbildung der 2. Generation ist als gelbe Schraffur dargestellt (vgl. Legende S.57; Tabelle 7). Die Anzahl der Tage, über die eine Puppentwicklung in der 2. und 3. Generation stattfand, wurde in SWAT abgelesen – unter der Vorraussetzung, dass der Satz Möhren bereits zum Flug der 1. Generation aufgelaufen war, da sich nur bei Initialbefall durch die erste Generation ein hoher Fliegendruck in folgenden Generationen aufbaut. Weitere beispielhafte Darstellungen der SWAT - Simulationen finden sich im Anhang unter Abbildung X 2 - Abbildung X 3.

Zeitliche Risikofaktoren: Einfluss des Saat- und Erntetermins auf das Ausbreitungs- und Befallsgeschehen

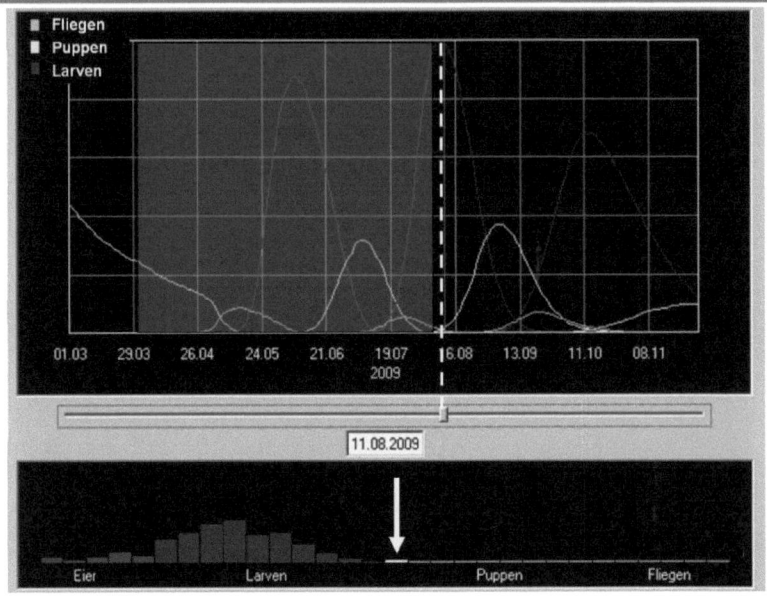

Abbildung 16: SWAT Simulation auf Betrieb C auf Grundlage langjähriger regionaler Klimadaten (Mittelwerte 2000-2009). Relatives Auftreten der Entwicklungsstadien Fliege, Larve, Puppe im Zeitverlauf (oben), sowie dokumentierte Zeitraum des Möhrenwachstums (gelber Hintergrund). Unterer Teil: Querschnitt durch die Altersstruktur der Population am 11. August. Jeder Balken repräsentiert einen Altersabschnitt des jeweiligen Entwicklungsstadiums und zeigt seine relative Häufigkeit an. Auftreten erster Puppen (Pfeil unten).

4.4. Ergebnisse

Zeitliche Risikofaktoren: Möhrenentwicklung & Koinzidenz mit Fliegen

Betriebe C und D verfügten über vergleichsweise frühe Sätze. Hier erfolgte schwerpunktmäßig der Anbau von Frischmarktmöhren, da der leichte Boden dort frühere Saat- und Auflauftermine ermöglichte. Die Eiablage der 1. Generation Fliegen erfolgte im Mai (Tabelle 7). Die Haupterntezeit lag zwischen Anfang Juli und Ende August, was zwar ebenfalls die Eiablage der 2. Generation Möhrenfliegen ermöglichte, eine volle Entwicklung bis zur Puppe jedoch in den meisten Fällen ausschloss und somit auch vermarktungsrelevante Schäden und das Überwintern der Puppen im Boden begrenzt haben müsste. Auf eine unvollständige Entwicklung der 2. Generation deuteten auch die bonitierten Schäden, die auf Betrieb C fast ausschließlich der Schadensklasse 1 (SKL 1) zuzuordnen waren, und damit wahrscheinlich auf

Zeitliche Risikofaktoren: Einfluss des Saat- und Erntetermins auf das Ausbreitungs- und Befallsgeschehen

---

den Fraß junger Larven zurückzuführen waren. Auch bei einer etwas verzögerten Ernte über die Boniturzeitpunkte hinaus, schien hier der Hauptteil des Larvenbesatzes mit den Möhren entfernt und die Anzahl überwinternder Möhrenfliegenpuppen stark reduziert worden zu sein.

Betriebe A und E verfügten über die längste Anbauperiode mit früh auflaufenden Sätzen ab April und einer Ernte, die vereinzelt bis zum November andauert (

Tabelle 7a und Tabelle 7b). Damit trafen vermehrt zwei Generationen Fliegen auf ein lokales Möhrenangebot und durchliefen jeweils eine Puppenbildung – eine wichtige Vorraussetzung für zwischen den Generationen und den Aufbau von Befallsc

Legende
▨ Möhrenentwicklung (Auflauf - Bonitur)
▨ Zeitraum der Eiablage
▨ Koinzidenz von Möhrenentwicklung und Eiablage
▨ Zeitraum der Puppenentwicklung
▨ Konzidenz von Möhren- und Puppenentwicklung

Legende zu Abbildungen 7a + 7b:
Farbliche Markierungen der Tabellenkästchen zeigen eine im jeweiligen Monat vorhandene Möhrenpräsenz und die befallsrelevanten Phasen der Fliegenentwicklung sowie deren Überschneidungen mit dem Möhrenwachstum an. Farbige Ränder weisen beispielhaft auf den Befall in aneinander angrenzenden Möhrensätzen hin.

Tabelle 7a: Darstellung der Möhrenentwicklung untersuchter Sätze auf Betrieb C, D und E, 2007 -2009, von Auflauf bis Bonitur (Grün) und der Zeitraum SWAT - simulierten Fliegenfluges (pink schraffiert) und der Verpuppung (gelb schraffiert). Anzahl Tage, in denen sich Puppen der 2. Generation (Gen.) bzw. 2.+3. Gen. (Betrieb B) entwickeln konnten [d]*, sowie das Schadausmaß in den Boniturproben, separat für Schadensklasse 1 (SKL 1) und Schadensklasse 2 (SKL 2).

Betrieb	Jahr	Feld	Satz	Feb	Mrz	Apr	Mai	Jun	Jul	Aug	Sep	Okt	Nov	2.+3. Gen Puppen-entw. [d]	% SKL 1	% SKL 2	% Befall
C	2007	1	1											-			0,3
	2008	1	1											-	8,3	0,3	8,7
		1	2											-	6,0	0,0	6,0
		2	1											-	5,1	0,2	5,3
		3	1											-	1,8	0,2	2,0
	2009	1	1											-	0,3	0,0	0,3
		2	1											20	1,8	0,5	2,3
D	2008	1	1											-	8,0	2,0	10,0
		1	2											-	4,0	0,0	4,0
		1	3											-	2,4	0,4	2,8
	2009	1	1											-	2,5	0,3	2,8
E	2007	1	1											-			10,8
		2	1											-			3,2
	2008	1	1											-	6,0	6,7	12,7
		2	1											12	4,0	0,2	4,2
	2009	1	1											3	3,3	9,5	12,8
		1	2											43	2,9	12,7	15,7

(*) Anzahl von Tagen [d], in denen nach SWAT Simulation und aufgrund einer Möhrenpräsenz eine Puppenentwicklung der 2. + 3. Generation (Gen) stattfand. SKL 1: geringfügiger oder verdächtiger Befall, SKL 2: deutliche Fraßspuren der Möhrenfliege. Für Erläuterungen zur farbigen Markierung siehe Legende (vorherige Seite).

Tabelle 7b: Darstellung der Möhrenentwicklung untersuchter Sätze auf Betrieb A und B, 2007 -2009, von Auflauf bis Bonitur (Grün) und der Zeitraum SWAT - simulierten Fliegenfluges (pink schraffiert) und der Verpuppung (gelb schraffiert). Anzahl Tage, in denen sich Puppen der 2. Generation (Gen.) bzw. 2.+3. Gen. (Betrieb B) entwickeln konnten [d]*, sowie das Schadausmaß in den Boniturproben, separat für Schadensklasse 1 (SKL 1) und Schadensklasse 2 (SKL 2).

Betrieb	Jahr	Feld	Satz	Feb	Mrz	Apr	Mai	Jun	Jul	Aug	Sep	Okt	Nov	2.+3. Gen Puppenentw. [d]	% SKL 1	% SKL 2	% Befall
A	2007	1	1											-			3,3
		1	2											-			4,7
		1	3											-			20,7
		2	1											13			27,7
		2	2											16			14,5
		3	1											28			4,9
		4	1											33			3,8
	2008	1	1											-	7,8	8,7	16,4
		1	2											22	4,4	47,1	51,6
		2	1											32	2,5	1,3	3,8
		2	2											57	3,3	0,0	3,3
		2	3											62	4,0	1,7	5,7
	2009	1	1											5	2,7	47,3	50,0
		2	1											-	16,0	21,1	37,1
		1	2											7	3,3	37,0	40,3
		3	1											32	2,0	2,4	4,4
		3	2											32	0,0	5,3	5,3
		4	1											32	1,1	5,6	6,7
B	2007	1	1											16			10,7
		2	1											64			3,2
		3	1											74			0,9
		3	2											74			3,3
	2008	2	1											6	3,3	1,0	4,3
		2	2											34	2,3	1,1	3,4
		1	1											9	4,8	1,7	6,5
	2009	1	1											24	0,8	0,6	1,4
		2	1											60	0,0	1,5	1,5
		1	2											52	1,0	0,4	1,4
		2	2											60	0,3	0,8	1,0

(*) *Anzahl von Tagen [d], in denen nach SWAT Simulation und aufgrund einer Möhrenpräsenz eine Puppenentwicklung der 2. + 3. Generation (Gen) stattfand. SKL 1: geringfügiger oder verdächtiger Befall, SKL 2: deutliche Fraßspuren der Möhrenfliege).* Für Erläuterungen zur farbigen Markierung siehe Legende (vorherige Seite).

Der Anbau früher und später Sätze innerhalb eines Feldes hat sich in Bezug auf einen zu erwartenden Möhrenfliegenschaden als besonders riskant erwiesen. So fiel beispielsweise auf

Zeitliche Risikofaktoren: Einfluss des Saat- und Erntetermins auf das Ausbreitungs- und Befallsgeschehen

Betrieb A im September 2008 der Befall im benachbarten 2. Satz um durchschnittlich 36 % höher aus als im 1. Satz desselben Feldes einen Monat zuvor (Tabelle 7b, Rotes Kästchen). Das gleiche Phänomen konnte 2009 auf Betrieb E beobachtet werden. Während der erste Satz, im August beprobt, durchschnittlich 13 % Befall aufwies, wurden einen Monat später bis zu 78 % Befall im Feldrandbereich bonitiert (ohne Abbildung). Aufgrund einer verzögerten Ernte stieg der Befall in der Folge weiter an und war, wie im November vom Vermarkter mitgeteilt wurde, nur eingeschränkt handelsfähig.

Ein offensichtliches Übersiedeln der Fliegen auf spätere Sätze separat liegender Felder erfolgte jedoch nicht in allen Fällen, wo frühe neben späteren Möhren wuchsen (Betrieb A 2007 Feld 3,4; 2008 Feld 2; 2009 Feld 3, 4, grünes Kästchen). In diesen „Nichtbefallslagen" hatte die zweite Generation Fliegen keinen nennenswerten Befall verursacht. Wo die erste Generation keinen Initialbefall verursacht hatte, konnten auch frühe und späte Sätze benachbart stehen, ohne erhöhten Befall aufzuweisen.

Auf **Betrieb B** erfolgte verstärkt der Anbau später Lager- und Industriemöhren. Der schwere Boden ermöglichte eine Möhrenaussaat selten vor Mai. Im Mittel liefen dort die Möhren erst gegen Anfang Juni auf, also zu einem Zeitpunkt, an dem die 1. Generation Möhrenfliegen bereits am Abklingen war. Zwar kam es zu einer Entwicklung der 2. Generation Fliegen, die jedoch zahlenmäßig gering blieb, da die 1. Generation Fliegen mangels Wirtspräsenz keine Basis für eine Vermehrung lieferte. Trotz einer Koinzidenz mit der Larvenfraßperiode und einer vollständigen Verpuppung der 2. Generation, fielen die bonitierten Befallsprozente gering aus. Im Untersuchungszeitraum hatte sich kein nennenswerter Befallsdruck aufgebaut.

4.5. Diskussion

Die vorliegenden Versuchsergebnisse gaben Anhaltspunkte für einen weiteren Risikofaktor im Befallsgeschehen der Möhrenfliege. Frühe und späte Möhren in räumlicher Nähe sind als besonders kritisch zu bewerten, da hier die Fliegen in der zweiten Generation auf spätere Sätze übersiedeln konnten. Wie auf Betrieb A und E beobachtet wurde, scheint die Zeitspanne zwischen August und September (3 - 4 Wochen nach dem Peak der 2. Generation) entscheidend für einen starken Anstieg vermarktungsrelevanter Schäden zu sein. Ist eine

Zeitliche Risikofaktoren: Einfluss des Saat- und Erntetermins auf das Ausbreitungs- und Befallsgeschehen

entsprechend späte Ernte geplant, sollten diese Sätze nach Möglichkeit räumlich von Möhrenfeldern getrennt werden, die schon Anfang Mai aufgelaufen waren, da sich dort die erste Generation vermehrt hat. In der vorliegenden Untersuchung wurde SWAT genutzt, um Koinzidenz - Muster mit der Möhrenentwicklung zu identifizieren. Die simulationsgestützte Koinzidenzermittlung von Möhren und Fliegen im überbetrieblichen Vergleich legte nahe, dass Betriebe mit langer Möhrenanbausaison (~ April - Oktober) langfristig die erste und zweite Möhrenfliegengeneration förderten und folglich ein vermehrtes Fliegenaufkommen mit vermarktungsrelevantem Larvenfraß zeigten.

Die Nutzung von SWAT für Terminfragen, wie der Aussaat, Ernte, Einsatz von Kulturschutznetzen etc. ist dann angebracht, wenn von der Simulation auf das Befallsgeschehen am Feld geschlussfolgert werden kann. Dies muss lokal getestet werden und erfordert die Verfügbarkeit von langjährigen Tagesmittelwerten der Temperatur sowie einige Erfahrung der Nutzer. Für den großflächigen ökologischen Feldgemüsebau kann insbesondere die Simulation der Populationsdynamik mit Angaben zur relativen Häufigkeit der Entwicklungsstadien (Abbildung 5) nützlich sein, um beispielsweise einen drohenden Befallsanstieg zu erkennen und mit einer vorgezogenen Ernte zu reagieren. Nachteilig ist in diesem Zusammenhang jedoch, dass sich mit der zusätzlichen Eingabe von Fliegenzahlen aus dem Gelbtafelmonitoring zwar die Prognosefunktion (mit einer Vorhersage des relativen Fliegen - und Larvenauftretens) validieren lässt, nicht jedoch die Populationsdynamik anpassen, mit der eine Differenzierung zwischen den einzelnen Larvenstadien möglich ist und auch der Beginn der Verpuppung angezeigt wird. Die Berechnung der Tage einer Puppentwicklung in zweiter und dritter Generation erfolgte daher ausschließlich auf Grundlage der Klimadaten ohne Berücksichtigung der Fliegenfänge des Gelbtafelmonitorings. Die somit simulierte Anzahl Tage, an denen eine Puppenentwicklung stand fand - unter der Maßgabe einer Möhrenpräsenz zum Flug der 1. Generation Fliegen - lieferte keine eindeutige Vorhersage des Befallsergebnisses. Ohne entsprechenden Befallsdruck fiel der bonitierte Befall auch bei vielen potentiellen Puppenentwicklungstagen gering aus. Dies zeigte sich insbesondere auf Betrieb B, aber auch auf den Betrieben A und E führten die entsprechenden Puppenentwicklungstage nicht automatisch zu einenem höheren Befall und umgekehrt bei

Zeitliche Risikofaktoren: Einfluss des Saat- und Erntetermins auf das Ausbreitungs- und Befallsgeschehen

---

hohem Befallsdruck durch die 1. Generation, die Schäden durch Puppenbildung der 2. und 3. Generation in frühen Sätzen vernachlässigbar sind.

An dieser Stelle sei jedoch die generelle Frage aufgeworfen, welches „Modell" die Realität besser abbildet, die SWAT Simulation oder die Fangzahlen der Gelbtafeln. Beide können nur Annäherungen an das tatsächliche Befallsgeschehen sein. So ist auch die hier ermittelte Koinzidenz des im Feld dokumentierten Möhrenwachstums und der simulierten Puppenentwicklung nur eine Annäherung. Auf eine spezielle statistische Auswertung wurde daher verzichtet.

Mehrere Untersuchungen zeigten bereits, dass der Zeitpunkt der Möhrenaussaat einen wesentlichen Einfluss auf die Befallswahrscheinlichkeit der Möhrenfliegen hat (Petherbridge, 1943; Ellis, Hardman, et al., 1987; Cole et al., 1987). Neben einer Anpassung der Saattermine besteht ebenfalls die Möglichkeit einer Vorbeugung stärkeren Befalls durch angepasste, notfalls vorgezogene, Erntezeitpunkte. Solche Kulturmaßnahmen zur Prävention werden auch von der landwirtschaftlichen Beratung empfohlen (Sauer & Fischer, 2007). In der Praxis treffen diese Möglichkeiten jedoch auf deutliche Ablehnung (mündl. Mitteilung Holger Buck 2009), da der Anbau über längere Zeiträume wirtschaftliche Notwendigkeiten hat und schwer vorhersagbar ist, bzw. es sich erst im Nachhinein herausstellt, ab wann sich eine „Noternte" gefährdeter Partien gerechnet hätte.

5. Einfluss von Landschaftsstrukturparametern auf das Ausbreitungs- und Befallsgeschehen

5.1. Zusammenfassung

Dreijährige Versuche zum großräumigen Einfluss holziger Vegetationen (Hecken, Bäume, Wälder) und Siedlungsgebiete auf das lokale Möhrenfliegen- und Befallsvorkommen unterstützen die Ansicht, dass die Landschaftsstruktur im Umkreis von 200 - 1000 m um aktuelle Möhrenfelder ein geringerer Risikofaktor im Befallsgeschehen ist. Die Dokumentation des Fliegenaufkommens erfolgte anhand eines üblichen Gelbtafelmonitorings begleitend zum Möhrenanbau auf 5 Praxisbetrieben von 2007 bis 2009. Die Quantifizierung der Strukturen erfolgte GIS - basiert mit Hilfe digitaler Orthophotos und digitalem Kartenmaterial sowie intensiver Feld - Kartierungen im Radius von 1 km um Fallen und Boniturpunkte. Einzelbetriebliche Ergebnisse multipler Regressionen deuteten darauf hin, dass von den Parametern Kleingehölze, Wald und Ortschaften insbesondere das Vorkommen an Kleingehölzen (Hecken und Bäume) zwischen vorjährigen und aktuellen Möhrenfeldern das Schädlingsvorkommen erhöhen könnte. In einer zweifaktoriellen ANOVA wurde auf Interaktionen zwischen einem Gesamtstrukturmaß für holzige Vegetation („Vege $_{Holz}$", in drei Faktorstufen) und dem Abstand zwischen aktuellem Schädlingsauftreten und der nächstgelegenen Vorjahresfläche (MD, 2 Faktorstufen) getestet. Dabei zeigte sich betriebsspezifisch, dass bei Möhrenfeldern mit MD > 400 m und einem vergleichsweise hohem Vege $_{Holz}$ - Anteil das Fliegenaufkommen reduziert war. Da keine eindeutigen betriebsübergreifenden Muster zum Einfluss der Vegetation und Ortschaften gefunden werden konnten, wird aufgrund der Ergebnisse geschlussfolgert, dass Landschaftsstrukturen, wie Hecken und Wälder förderliche Eigenschaften für Möhrenfliegen aber auch Barrieren bei der Verbreitung der Schädlinge darstellen können. Hinsichtlich Empfehlungen für die Anbaupraxis wird der Landschaftsstruktur daher im Vergleich zu anderen bekannten Risikofaktoren eine geringere Bedeutung zugewiesen.

5.2. Einleitung

Gut untersucht ist der Einfluss der Vegetation in unmittelbarer Nachbarschaft von Möhrenfeldern auf das Befallsgeschehen der Möhrenfliege. Während der Eiablageperiode fliegen die Weibchen wiederholt von der Randvegetation in den Bestand ein, vornehmlich in den späten Nachmittagsstunden. Tagsüber halten sich beide Geschlechter in der Feldrandvegetation auf, wobei die Ortswahl innerhalb dieser vom Feuchtegradienten und vom Wind bestimmt zu sein scheint (Wright & Ashby, 1946b; Wakerley, 1963, 1964). Dichte Vegetation in Form von Hecken, Brennessel-Beständen oder hochwüchsigen Nachbarkulturen können daher einen Befall durch Möhrenfliegen fördern (Wainhouse & Coaker, 1981; Coaker & Hartley, 1988), weshalb gängige Pflanzenschutzempfehlungen beinhalten, solche Saumbiotope an Möhrenfeldern nach Möglichkeit zu meiden und windoffenen Lagen den Vorzug zu geben (Baur et al., 2009). Unbekannt ist hingegen der Einfluss bestimmter Vegetationstypen auf einer größeren Landschaftsebene und ob diese Strukturen das Möhrenfliegenauftreten am Feld oder Verbreitung der Tiere von den vorjährigen Möhrenfeldern (Ort der Überwinterung und des Schlupfes) zu den aktuellen Möhrenbeständen beeinflussen.

Mit dem Ziel etwa eines verbesserten Pflanzenschutzes oder angepasster Naturschutzstrategien wird im Rahmen großräumiger entomologischer Studien der Einfluss der Landschaft, beispielsweise in Form einzelner Strukturelemente oder der Landschaftsfragmentierung, auf Insektenpopulationen untersucht (Hunter, 2002). Bei der Migration herbivorer Insekten zum Zweck der Wirtspflanzensuche sind verschiedene Landschaftsstrukturen als förderlich beschrieben worden (Williams, 1957; Southwood, 1962; Johnson, 1969; Altieri et al., 1984). Über das Geschehen der Wanderung der Möhrenfliege von den Überwinterungsplätzen zu den aktuellen Möhrenbeständen ist wenig bekannt. Bei Möhrenfliegen, die direkt nach dem Schlupf freigelassen wurden, beobachtete Overbeck (1978), dass die Tiere nicht zufällig abfliegen, sondern Silhouetten von Bäumen und Hecken ansteuern, ein als Hypsotaxis bezeichnetes Verhalten (Johnson, 1969). Ob es sich bei der Möhrenfliege bei der Überwindung größerer Distanzen um eine gerichtete Migration handelt, oder um eine zufällige Verbreitung (dispersal), konnte mit der bisherigen Literatur nicht eindeutig beantwortet werden. Sensible Wahrnehmungen bereits geringster Mengen volatiler

Bestandteile des Möhrenlaubes, beispielsweise Trans-Asarone, unterstützen die Wahrscheinlichkeit eines, zumindest teilweise, gerichteten Zufluges zu den Wirtspflanzen (Guerin & Visser, 1980; Guerin et al., 1983; Berenbaum, 1990). Manche Autoren schlussfolgern aufgrund des eher lokalen Vorkommens eine zufällige Verbreitung (Städler, 1972; Dufault & Coaker, 1987), die demnach konzentrisch um den Ort des Schlupfes erfolgt und durch zufällige Bewegungen der Fliegen graduell mit der Entfernung abnehmen müsste, mithilfe des Windes jedoch auch weitere Distanzen von mehreren Kilometern betragen könnte (Van't Sant, 1961). Ein anderer Autor beobachtete, dass sich die Fliegen auf der Suche nach neuen Wirtspflanzen entlang von Hecken bewegen (Roebuck, 1945), was auch Wainhouse (1975) vermutete, jedoch ohne empirischen Nachweis. Unabhängig von der Form der Verbreitung sucht die Möhrenfliege vor Wind schützende Aufenthaltsorte und Nektar spendende Blütenpflanzen auf, da sie empfindlich gegenüber Trockenheit und daher auf hohe Luftfeuchtigkeiten angewiesen ist (Wakerley, 1964).

Innerhalb von Agrarlandschaften stellen Bäume, Alleen, Hecken und Wälder schattige Silhouetten dar, die für die Fliegen nach dem Schlupf anziehend wirken könnten und so möglicherweise in ihrer Ausbreitung wegweisend sind. Weiterhin bieten Hecken und Waldsäume Windschutz und Quellen Nektar spendender Blütenpflanzen, bei entsprechendem Unterwuchs. Solche Strukturen könnten dadurch lebensverlängernd wirken und die Wahrscheinlichkeit erhöhen ein Möhrenfeld in der Umgebung zu erreichen und Eier abzulegen. Eine ähnliche Qualität hätten demnach auch Siedlungsflächen, die mit einem oftmals hohen Anteil von Hecken, Zierpflanzen- und Gemüsegärten Schutz und potentielle Nahrung für Möhrenfliegen bieten, bei starken Vorkommen von Doldenblütlern jedoch auch als „Fliegensenke" fungieren könnten, indem die Gärten Fliegen binden. Die zitierten Verhaltensweisen der Möhrenfliege werfen die Frage auf, ob vermehrte dauerhafte Strukturen (holzige Vegetation) und Ortschaften zwischen vorjährigen und aktuellen Möhrenflächen als Orientierungsmarken, Schutz, Nahrung oder als Verbreitungskorridore dienen können und so das Schädlingsauftreten am aktuellen Möhrenfeld erhöhen, bzw. strukturarme Regionen das Befallsgeschehen senkend beeinflussen.

Arbeitshypothese Landschaftsstruktur:

Im Rahmen der Untersuchungen sollten „Strukturen", die in Agrarlandschaften das Möhrenfliegenvorkommen beeinflussen können, in Form von repräsentativen und leicht zu erfassenden Parametern definiert und mit Hilfe in einer Kombination aus GIS - basierten Methoden und großräumigen Landschaftskartierungen quantifiziert werden. Ziel war es, den regionalen Einfluss der Strukturen auf das lokale Fliegenvorkommen und Befallsausmaß zu untersuchen.

5.3. Material und Methoden

5.3.1. Kartierungen und Digitalisierungen holziger Vegetation und Ortschaften

Auf Grundlage von Digitalen Orthophotos (DOPs) und Schlaggrenzen (shape Dateien) wurden Karten erstellt (Maßstab ca. 1:8000), die während einmaliger Landschaftsbegehungen mit den nötigen Informationen ergänzt wurden. Bezugsquellen der digitalen Geodaten waren:

- Mapserver der Niedersächsischen Vermessungs- und Katasterverwaltung, LGN www.lgn.niedersachsen.de, sowie der Feldblockfinder der Landwirtschaftskammer Niedersachsen www.lwk-niedersachsen.de

- ATKIS Daten des Hessischen Landesamt für Bodenmanagement und Geoinformation www.hvbg.hessen.de

- Orthofotos und Feldblöcke der Thüringischen Landesanstalt für Landwirtschaft www.tll.de/mapdown

Durch den Aufnahmewinkel der Luftbilder besitzen die DOPs, trotz Georeferenzierung, eine leichte Verzerrung durch den Aufnahmewinkel. Die Kartierung im Feld ermöglichte genauere Aussagen zur Beschaffenheit der Vegetation, die von den Orthophotos allein nicht abzuleiten waren. So z.B. zur Vegetationshöhe sowie den genauen Ausmaßen und Positionen der Strukturen, so dass durch die Kombination von (digitalem) Kartenmaterial und Feldbegehungen eine eindeutigere Klassifizierung der Vegetation vorgenommen werden konnte (Abbildung 17). Gleiches galt für Ortschaften und weiteres Siedlungsgebiet, deren Ausmaße durch die Kartierungen ergänzt wurden. Innerhalb der Vegetationsperioden wurden Lage und Ausmaße der dauerhaften, holzigen Vegetation sowie Siedlungsgebiete jeweils im Umkreis von 1 km um aktuelle Möhrenfelder notiert.

Die holzige Vegetation und Ortschaften wurden wie folgt klassifiziert:

1) Hecken. Hecken lassen sich als linienförmige Elemente beschreiben. Das Vorhandensein eines dichten Unterwuchses, einer Mindesthöhe von 1,5 Metern und zehn Meter Länge waren Vorraussetzung für den Vermerk. Die Breite der Hecken lag zwischen 1,5 und 4 Metern, so dass auf eine weitere Differenzierung verzichtet wurde. Für die Berechnungen wurde ausschließlich die Länge der Hecken erfasst.

2) Wald. Die flächigen Ausmaße von Wäldern wurden ab einer Gesamtausdehnung von 500 Quadratmetern kartiert. Um den Waldrandverlauf und das Ausmaß der Waldstücke zu dokumentieren, wurden die Informationen aus Orthophotos während der Kartierungen ergänzt und aktualisiert.

3) Bäume. Einzeln oder in Gruppen stehende Bäume, z.B. Alleen wurden in ihrem Standort vermerkt.

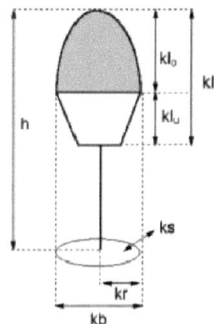

h = Höhe
kb = Kronenbreite
kr = Kronenradius
ks = Kronenschirmfläche
kl = Kronenlänge
kl_o = Kronenlänge der Lichtkrone
kl_u = Kronenlänge der Schattenkrone

Aus Nagel (2001)

Abbildung 17: Parameter zur Baumbeschreibung aus der Waldmesslehre. Aus Nagel (2001).

Tabelle 8: Dauerhaft holzige Vegetation wurde im Umkreis von 1 km um aktuelle Möhrenfelder dokumentiert. Eine Unterteilung anhand spezifischer Charakteristika erfolgte in Hecken, Wald, Bäume und Ortschaften. Die Vegetationstypen wurden kartiert, anschließend mit ArcGIS 9.1 digitalisiert und quantifiziert.

Holzige Vegetation	Einheit	Charakteristika	Übersetzung in ArcGIS 9.1 [Layer]
Hecken	Meter [m]	Linienförmiges Element. Mindesthöhe der Sträucher /Bäume 1,5 m, Mindestausdehnung 10 m	Polylinie
Wald	Hektar [ha]	Flächenhafte Ausdehnung dichter Baumbestände, Mindesthöhe 2 m	Polygon
solitäre Bäume	Anzahl [N]	Einzeln stehende Bäume ohne dichten Unterwuchs, Mindesthöhe 2 m, Kronenschirmfläche > 4m²	Point
Weiterer Einflussfaktor	Einheit	Charakteristika	Übersetzung in ArcGIS 9.1 [Layer]
Ortschaft	Hektar [ha]	Bebautes Land, Gärten	Polygon

In Anlehnung an die Methoden der Waldmesslehre (Kramer, 1988; Nagel, 2001) wurde es für die vorliegende Fragestellung als ausreichend erachtet, Bäume mit einer Mindesthöhe von $h = 2$ m zu erfassen, die als förderlich zur Ausbreitung eingestuft wurden. Weiteres Kartierungskriterium war eine Kronenschirmfläche (Ks) von mindestens vier m², die über das Abloten mit dem Auge geschätzt wurde (Abbildung 17). Anschließend an die Kartierungen wurde die vermerkte Vegetation in ArcGIS 9.1 als Polygon, Polylinie bzw. Punkt – Information digitalisiert (Tabelle 8).

Ortschaften

Unter dem Begriff Ortschaft wurden folgende Landnutzungstypen zusammengefasst, die aufgrund ihres direkten oder umgebenden Strukturreichtums und potentiellen Angebots an Wirtspflanzen und Nektarquellen im Rahmen der Untersuchungen als für Möhrenfliegen förderlich eingestuft wurden: Bebaute Flächen, Gärten, Friedhöfe und öffentliche Plätze. Auf Grundlage der Orthofotos wurden die Flächen während der Feldbegehungen um Neubauten bzw. Neuanlagen ergänzt und die Ausmaße als Polygon – Shape in ArcGIS übertragen (Tabelle 8).

5.3.2. Analysen zum Einfluss der Strukturparameter

Um den Einfluss der holzigen Strukturen auf das Auftreten der Möhrenfliegen zu messen wäre es wünschenswert, ein Gesamt-Strukturmaß zu schaffen, das Informationen zu den relevanten Faktoren bündelt, dabei einfach zu berechnen ist, überregional anwendbar ist und das dennoch eine eindeutige Interpretation der Ergebnisse in Bezug auf die spezifischen Einflüsse der beteiligten Größen zulässt. Die Existenz eines solchen Index scheint unwahrscheinlich (Forman, 1995). Häufig erfolgt die Beschreibung von Agrarlandschaften über eine Klassifizierung der Landnutzung (Ackerland, Weideland, Wald, naturnaher Habitate etc.). Beispielsweise klassifiziert Thies et al. (2003) Landschaften mit einem Flächenanteil von über 97 % einjähriger Kulturpflanzen (Rest: Weide, Brache, Wald, Hecken, Siedlungen etc.) als strukturell einfach und Gebiete mit unter 50 % einjährig bestellter Ackerfläche als strukturell komplex. Kombinierte Gesamtmaße oder eine zu grobe Klassifizierung können jedoch zu einem Verlust an Informationen führen, etwa indem Einflüsse einzelner Parameter unentdeckt bleiben, oder der Effekt eines Gesamt-Strukturmaßes keine Rückschlüsse auf die eigentlichen Einflussgrößen erlaubt. In der Literatur sind zur Klassifizierung einzelner Landschaftsstrukturen lineare und flächige Maßeinheiten und Indices gebräuchlich (Haines-Young & Chopping, 1996; Baskent, 1999) sowie Indices, die die Komplexität oder Dominanz bestimmter Strukturen beschreiben (O'neill et al., 1988).

Aufgrund der geringen Vorinformationen zum Einfluss der großräumigen Vegetation auf die wirtschaftliche Relevanz der Möhrenfliege seitens der bestehenden Literatur wurden im Rahmen der vorliegenden Untersuchungen zwei verschiedene Herangehensweisen getestet:

1.) Aufgrund ihrer potentiell unterschiedlichen Beschaffenheit und Funktion wurden drei verschiedene **Strukturparameter** (Kleingehölze, Wald und Ortschaften) erfasst und Vorkommen im Radius zwischen vorjährigen und aktuellen Möhrenfeldern in einer multiplen Regression auf ihren Einfluss auf das Fliegenvorkommen und Befall im aktuellen Möhrenfeld getestet.

2.) Zusätzlich wurde ein **Gesamt-Strukturmaß** für die holzige Vegetation berechnet, dass in der Ausprägung verschiedener Faktorstufen in einer zweifaktoriellen ANOVA zusammen mit dem MD (Distanz zwischen aktuellem Schädlingsauftreten und der Vorjahresfläche) getestet wurde. Eine mögliche Interaktion der beiden Faktoren sollte Anhaltspunkte liefern, ob die Vegetation bei weit entfernt liegenden Vorjahresflächen einen förderlicheren Einfluss auf das Schädlingsauftreten hat und somit die Arbeitshypothese unterstützt, dass die erfassten Strukturen eine Ausbreitung der Möhrenfliegen fördern.

5.3.3. Berechnung von drei Parametern zur Beschreibung der holzigen Vegetations- und Siedlungsstruktur

Die quantifizierten Strukturen flossen in Form der drei Parameter Kleingehölze, Wälder und Ortschaften in eine multiple Regression ein. Der Parameter Kleingehölze kombiniert die Strukturen Hecke und Bäume als laufende Meter. Für eine Bündelung verschiedener Strukturen, von denen man den gleichen oder ähnlichen Einfluss auf die Zielvariable vermutet, ist es notwendig, eine gemeinsame metrische Einheit zu wählen oder neue Indices zu erstellen. Dazu wurden die Baumkronenumfänge [m] und die Länge der kartierten Hecken [m] aufsummiert. Die Berechnung aller Baumkronenumfänge erfolgte auf Grundlage eines hypothetischen Durchschnittswertes pro Kronendurchmesser, mit einem Radius von $r = 1,5$ Metern. Dieser durchschnittliche Umfang pro Baum wurde anschließend mit der Anzahl kartierter Bäume multipliziert (Gleichung 1).

Kleingehölze $= \Sigma \text{Hecke}_i + \Pi\, 2\, r * N\, (\text{Baum}_i)$ \hspace{2em} Gleichung (1)

Wobei Hecke$_i$ [m] das i-te Heckenelement eines analysierten Radius darstellt (Tabelle 9), r mit 1,5 Metern der durchschnittliche Radius eines Baumes und N (Baum$_i$) die Anzahl kartierter Bäume dieses Umkreises ist.

Der Parameter Wald, der sich qualitativ und quantitativ von den linienförmigen Hecken und Bäumen abgrenzt, wurde separat betrachtet. Zur Überprüfung des Waldeinflusses wurden die gesamten digitalisierten Waldflächen [ha] pro Untersuchungsregion aufsummiert und mit dem durchschnittlichen Verhältnis von Umfang zu Fläche (PAR, Perimeter-Area Ratio) pro Betrieb multipliziert (Hulshoff, 1995):

$$\text{Wald}_{index} = \Sigma \, \text{Wald}_i * \Sigma \, (U_i / A_i) / N_i \qquad \text{Gleichung (2)}$$

Wobei Wald$_i$ die Fläche des i-ten Waldpolygons [ha] im untersuchungsrelevanten Radius r ist (siehe

Tabelle 9), U_i ist der Umfang des i-ten Waldpolygons, A_i die Fläche [ha] des i-ten Waldpolygons und N_i das i-te Waldpolygon der einzelbetrieblichen Untersuchungsregion ist. Ein großer PAR - Wert (U_i / A_i) steht für verhältnismäßig viele Waldstücke mit kleiner Fläche. Mit der Schaffung eines solchen Waldindex soll die Tatsache Berücksichtigung finden, dass viele kleine Waldstücke verhältnismäßig stärker strukturgebend sind als wenige große.

Der Parameter Ort wurde auf Grundlage der Kartierungen mit ArcGIS 9.1 innerhalb der herangezogenen Radien quantifiziert und mit einem Flächenmaß [ha] als dritter Faktor in der multiplen Regression auf seinen Einfluss auf das Schädlingsaufkommen überprüft.

$$Ort = \Sigma \, Ortschaften_i \qquad \text{Gleichung (3)}$$

Dazu wurden die einzelnen Polygone Ortschaften, innerhalb der analyserelevanten Radien aufsummiert.

Tabelle 9: Radien pro Betrieb und Jahr, innerhalb derer das Fliegenauftreten in 1. Generation und der Befall in linearen Regressionen am besten mit der Fläche vorjähriger Möhrenfelder korrelierten (Radius AVJ) und die Radien, wie sie für die Quantifizierung der Strukturparameter herangezogen wurden (Radius Struktur), von Kapitel 3.3.3.2 abweichende Radien sind fett markiert.

Radien [m] R^2 =max

Betrieb	Jahr	Fliegen (1. Generation)		Befall	
		Radius A_{VJ} [m]	Radius Struktur [m]	Radius A_{VJ} [m]	Radius Struktur [m]
A	2007	900	900	1000	1000
	2008	600	600	1000	1000
	2009	200	200	200	200
B	2007	500	500	1200	1000
	2008	keine Fliegen [4]	1000	1600	1000
	2009	300	300	600	600
C	2007	keine Fliegen	400	400	400
	2008	800	800	1000	1000
	2009	1400	1000	1600	1000
D	2008	1000	1000	1000	1000
	2009	1000	1000	900	900
E	2007	300	300	200	200
	2008	400	400	1600	1000
	2009	600	600	1200	1000

Da die Untersuchungen darauf abzielten, Aussagen über den Einfluss der Landschaftsstruktur auf die Ausbreitung der Fliegen im Frühjahr treffen zu können, ist die Beschränkung auf einen einheitlichen Bezugsradius zur Analyse des Struktureinflusses auf das Schädlingsaufkommen ungeeignet. Vor einem Befallsgeschehen findet eine Wanderung der Möhrenfliegen von den Vorjahresflächen zu aktuellen Möhrenfeldern statt. Die Abstände zwischen vorjährigen und aktuellen Möhrenfeldern variierten zwischen Betrieben und Versuchsjahren deutlich. Um einen aussagekräftigen Radius zu ermitteln, der gleichsam den möglichen Verbreitungskorridor darstellt, wurden auf Grundlage des Einflusses der

---

[4] Im Untersuchungszeitraum wurden keine Fliegen auf den Gelbklebefallen gefunden.

Vorjahresflächen in Kapitel 3.3.3.2 Radien zwischen 100 und 1600 Metern um jede Falle und jeden Boniturpunkt als für Möhrenfliegen ausbreitungsrelevant ermittelt. Diese Radien wurden für eine individuelle Quantifizierung der Strukturparameter (pro Betrieb und Jahr) herangezogen, mit der Einschränkung, dass Informationen zur holzigen Vegetation und Ortschaften nur auf einer Fläche von 1 km um die Vorjahresflächen erhoben wurden. Aufgrund des kartierten Gebietes von 1km mussten die verwendeten Radien in Einzelfällen auf dieses Maximalmaß begrenzt werden, siehe

Tabelle 9.

5.3.4. Berechnung des Gesamtmaßes Vege $_{Holz}$ zur Beschreibung der holzigen Vegetation

Um in einem parallelen Ansatz den Einfluss der holzigen Vegetation in der regionalen Ebene auf das Schädlingsauftreten zu untersuchen, wurde in Abgrenzung zu Kapitel 5.3.3, ein einheitlicher räumlicher Bezug zur Erfassung des Vegetationsfaktors gewählt. Eine Quantifizierung der holzigen Vegetation in Form des Gesamtmaßes (Vege $_{Holz}$) erfolgte über alle Betriebe und Jahre einheitlich in einem Radius von 1 km um die GPS - verorteten Fallen und Boniturpunkte als Flächenmaß [ha]. Dazu wurden die kartierten Waldflächen, Hecken und Bäume aufsummiert. Es wurden die kartierten Hecken, die in Kapitel 5.3.3 als die Summe kartierter Meter [m] dargestellt wurde, mit einer verallgemeinernden Breite von anderthalb Metern multipliziert. Das Kronendach der kartierten Bäume wurde auf Grundlage eines hypothetischen Kronendurchmessers auf eine Fläche mit dem Radius von anderthalb Metern projiziert.

Vege $_{Holz}$ = Σ Wald$_i$ + Σ (Hecke$_i$ ∗ b) + Σ (N (Baum$_i$) ∗ Π ∗ r²)

Dabei ist Wald$_i$ die Fläche des i-ten Waldpolygons [ha], Hecke$_i$ ist das i-te Heckenelement innerhalb des Untersuchungsradius und b mit 1,5 m die Breite des Heckenelements. N(Baum$_i$) entspricht der Anzahl Bäume im Untersuchungsraum mit einem Radius im Kronendach von r = 1,5 m.

5.3.5. Statistik

Statistische Analysen wurden mit dem Programm SPSS 17 (SPSS GmbH Software, D - München) für Windows durchgeführt. Nicht normalverteilte Daten wurden wurzeltransformiert (Fliegen / Falle) bzw. Befallsprozente arcsinwurzel-transformiert (Sokal & Rohlf, 1995). Multiple lineare Regressionen im schrittweisen Rückwärtsverfahren wurden mit den Landschaftsstrukturparametern Kleingehölze, Waldindex und Ortschaften als Faktoren durchgeführt, um deren Einfluss auf das Fliegenauftreten und den Befall pro Betrieb und Jahr zu testen (Conradt et al., 2000; Field, 2009). Dies bedeutet, dass ein Faktor aus dem Modell entfernt wurde, wenn das Signifikanzniveau des F-Wertes $>/= 0,1$ war.

Zur Überprüfung der Hypothese, dass holzige Strukturen im Umkreis von 1 km das Schädlingsaufkommen auf aktuellen Möhrenschlägen erhöhen, wurde für jeden Betrieb einzeln eine Varianzanalyse (zweifaktorielle ANOVA) (Köhler et al., 1995) gerechnet. Die Zähldaten wurden wurzel-transformiert (Fliegen / Falle) und Befallsprozente arcsinwurzel-transformiert. Aufgrund von einzelbetrieblichen Schwachbefallslagen mit keinen oder wenig Fliegen pro Falle sowie keinem oder geringem Befall in Boniturproben waren die Daten vermehrt „linksschief", zu kleinen Werten hin, verteilt. Die durchgeführten Transformationen konnten nur zum Teil zu einer Normalverteilung verhelfen. Versuchsweise wurde zur Transformation den Zähldaten dreier Datensätze ein einheitlicher Wert zuaddiert ($y_{neu} = \sqrt{(y+0,5)}$) (Grez & Prado, 2000), was jedoch keine Verbesserung brachte. Unter den vorliegenden Forschungsbedingungen auf Praxisbetrieben wurde die Wahrung der Homogenität der Varianzen als Priorität betrachtet. In die ANOVA eingeflossene Faktoren waren der jeweilige Abstand zwischen aktueller Falle bzw. Boniturpunkt und der nächstgelegenen vorjährigen Möhrenfläche (MD, s. Kapitel 3.3.3.1) und das Gesamtmaß für holzige Vegetation im Umkreis von 1 km um Fallenstandorte und Boniturpunkte (Vege $_{Holz}$). Die Werte des MD wurden zwei Faktorstufen zugeordnet, mit MD = „nah" bei nah gelegenen Vorjahresflächen von 13 - 400 m Entfernung und MD = „weit" für größere Distanzen von > 400 bis 1400 m. Die Wahl der Distanzklassen erfolgte exemplarisch anhand der Verteilungen der MD - Werte auf allen Betrieben. Um anhand der untersuchten Betriebe Aussagen zum Einfluss von „nah" und „weit" entfernt gelegenen Vorjahresflächen treffen zu können, musste das Vorhandensein von beiden Distanzklassen auf allen Betrieben gewährleistet sein. Die Werte des Vege $_{Holz}$ wurden drei Faktorstufen zugeordnet, mit Vege $_{Holz}$

= „wenig" mit 0 bis 10 ha; Vege $_{Holz}$ = „mittel" mit > 10 bis 80 ha und Vege Holz = „viel" mit > 80 ha bis 143 ha holziger Vegetation. Einflüsse der Faktoren wurden anhand von Profilplots (Interaktionsplots) mit den beobachteten Mittelwerten dargestellt.

5.4. Ergebnisse

5.4.1. Quantifizierte Vegetationen und Ortschaften

Abbildung 18 zeigt die Lage und Ausmaße der einzelnen Risikofaktoren Ortschaften, Hecken, Bäume und Wald, wie sie am Beispiel eines Boniturpunktes auf Betrieb E in 2009 im Radius von 1 km quantifiziert wurden.

Bei der Quantifizierung der Landschaftsstruktur in den regionalen Anbaugebieten zeigten sich einige betriebsspezifische Unterschiede (Abbildung 19). Insbesondere fiel der hohe Anteil holziger Vegetation (Kleingehölze und Wälder) auf Betrieb A auf, sowie die vergleichsweise waldarme aber ortschaftsreiche Anbauregion der Betriebe D und E. Die kartierten Regionen der Betriebe B und C zeigten eine sehr ähnliche, vergleichsweise wald- und ortschaftenarme Zusammensetzung der erhobenen Parameter.

Einfluss von Landschaftsstrukturparametern auf das Ausbreitungs- und Befallsgeschehen

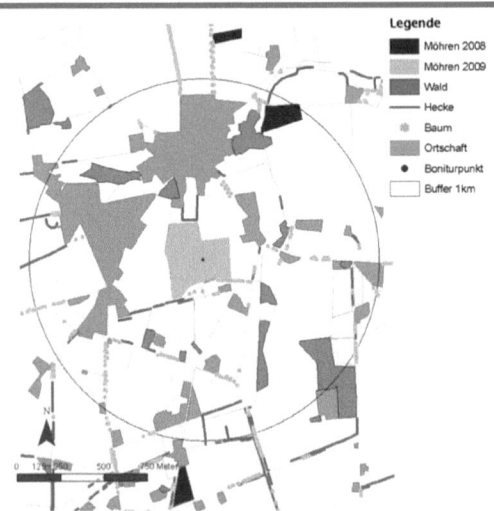

Abbildung 18: Kartierte Ortschaften, Hecken, Bäume und Wälder einer ArcGIS Karte von Betrieb E in 2009. In 13 Radien um jede Falle und jeden Boniturpunkt, hier beispielhaft ein Radius von 1 km, erfolgte die Quantifizierung der Strukturen.

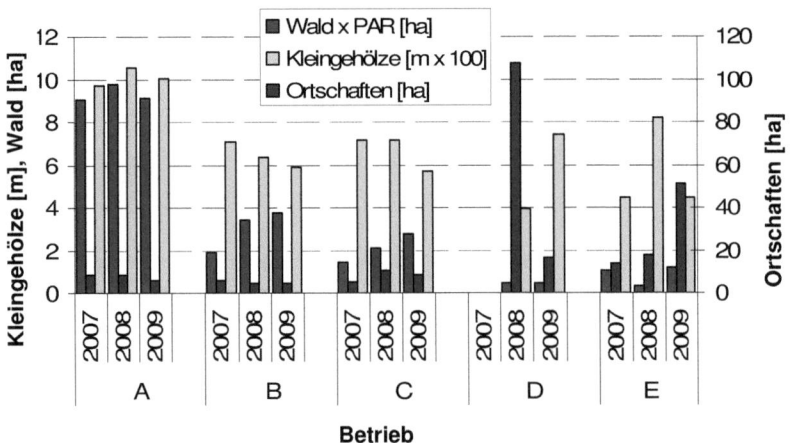

Abbildung 19: Holzige Vegetation und Ortschaften im Umkreis von 1 km um die beprobten Möhrenfelder der Betriebe A - E, dargestellt als Mittelwerte pro Betrieb von 2007 - 2009.

5.4.1.1. Einflüsse der Strukturparameter Kleingehölze, Wald und Ortschaften

Bei der Überprüfung des Einflusses der Faktoren Ortschaften, Kleingehölzen sowie Wald auf das Fliegenvorkommen und den Befall mittels multipler Regressionen hat sich insbesondere der Faktor Kleingehölze (also das Vorkommen an Hecken und Bäumen im Umkreis der Möhrenfelder) als einflussreich erwiesen. Tabelle 10 zeigt einen Überblick über die signifikanten Ergebnisse der multiplen Regressionen und die Stärke der Einflussfaktoren anhand ihrer Steigungen (B) in der Geradengleichung (wenn alle weiteren unabhängigen Variablen der multiplen Regression konstant gehalten werden). Detaillierte Regressionsergebnisse mit weiteren Angaben zur Beschreibung der Funktionen finden sich im Anhang Tabelle X 6 - Tabelle X 10.

Es zeigte sich bei Betrieb A in allen drei Versuchsjahren ein positiver signifikanter Einfluss der Kleingehölze auf das Vorkommen der 1. Generation Möhrenfliege, und auch auf den Befall zum Erntezeitpunkt in 2007. Auch bei den weiteren Betrieben zeigten die Kleingehölze in mindestens einem Versuchsjahr einen förderlichen Einfluss auf das Schädlingsvorkommen. Auf Betrieb B war das Bild insgesamt uneinheitlicher. Die Wirkungen der Strukturparameter waren jahresabhängig, mit positiv und negativ signifikanten Einflüssen. Der Faktor Wald zeigte bei den Betrieben D und E einen signifikanten positiven Einfluss. Insbesondere das Vorhandensein von Waldstücken im Umfeld der Möhrenfelder auf Betrieb E schien die Wahrscheinlichkeit des Möhrenfliegenauftretens zu erhöhen. Dabei ist auch der starke Zusammenhang hervorzuheben (Betrieb E, 2009, Steigung: 18,9). Die Erhöhung des Waldindex [Hektar Wald x PAR] um 1 Einheit versiebenfacht demnach den zu erwartenden (rücktransformierten) Befall. Dahingegen ist der Einfluss von Ortschaften in der Nähe von Möhrenfelder auf das Schädlingsvorkommen weniger eindeutig aus den Ergebnissen abzulesen (Mit signifikanten Ergebnissen des Einfluss auf Fliegen der 1. Generation in 3 Fällen, auf Befall in 6 Fällen der insgesamt 14 analysierten Anbaukonstellationen (2007-2009). Es zeigten sich abhängig vom Versuchjahr förderliche und negative Auswirkungen der Ortschaftsflächen [ha] auf das Fliegenvorkommen und den Befall (Betrieb A und B), aber auch nur positive (Betrieb D), sowie nur negative Korrelationen (Betrieb E).

Die Ergebnisse der multiplen Regression zum Einfluss der untersuchten Strukturparameter lieferten kein betriebsübergreifendes einheitliches Bild hinsichtlich ihrer Förderung des

Schädlingsauftretens. Die positiven Einflüsse des Faktors Kleingehölze traten jedoch als deutlichstes zu erkennendes Muster hervor und unterstützen eine mögliche Bedeutung für den Möhrenfliegenbefall.

Tabelle 10: Übersicht der Signifikanzen der multiplen linearen Regressionen. Eingeflossene Faktoren waren 1) Kleingehölze 2) Wald x PAR (Wald) und 3) Ortschaften (Ort). B entspricht der Steigung des Modells. Detaillierte Ergebnisse der Regressionen (Anhang Tabelle X 6 – Tabelle X 10).

Betrieb	Jahr	Fliegen Gen 1						Befall					
		Kleing.		Wald		Ort		Kleing.		Wald		Ort	
		B	Sig.	B	Sig.	B	Sig.	B	Sig.	B	Sig.	B	Sig.
A	2007	+3,73^{-4}	***			+0,09	**	+3,69	***			+0,02	***
	2008	+0,01	*	+2,71	(*)	-0,49	**					-0,03	***
	2009	+0,01	**										
B	2007									-7,64^{-6}	**	+0,05	*
	2008							-1,81^{-5}	*				
	2009	-0,002	(*)					+7,65^{-5}	***			0,04	*
C	2007												
	2008							+4,15^{-5}	**				
	2009												
D	2008												
	2009	+0,001	(*)	+10,91	**	+0,2	*	+5,71^{-5}	(*)				
E	2007	+0,05	*							+6,81	*	-0,18	**
	2008							+2,13^{-4}	(*)	+0,5	**	-0,06	*
	2009			+18,90	*								

Signifikanzen multipler Regressionen, Rückwärts- Verfahren, (*) p< 0,1 ; * p < 0,05 ; ** p < 0,01 ; *** p < 0,001. Die Tests wurden mit wurzel-transformierten (Zähldaten) und arsinwurzel- transformierten Daten (Prozente) durchgeführt.

5.4.1.2. Einfluss des Gesamtstrukturmaßes Vege $_{Holz}$

Vergleicht man die Flächenanteile dauerhafter, holziger Vegetationselemente in einem 1 km Radius um die Fallenstandorte, fällt auf, dass sich mit durchschnittlich 30 %, 14 %, 12 %, 3 % und 3 % die Anteile zwischen den Betrieben A bis E deutlich unterscheiden (Abbildung 20). Auffällig ist insbesondere, dass die Betriebe A und E, jene zwei Betriebe auf denen ein vermehrtes Fliegenaufkommen und stärkerer Befall dokumentiert wurde, den größten bzw. geringsten Anteil an Vege $_{Holz}$ verzeichneten. Ein linearer Zusammenhang zwischen dem absoluten Vege $_{Holz}$ Anteil und dem lokalen Schädlingsdruck scheint somit unwahrscheinlich. Um dennoch einen relativen Einfluss des Vege $_{Holz}$ auf das Schädlingsvorkommen zu testen und eine mögliche Interaktion des Vege $_{Holz}$ mit der Distanz zwischen Falle bzw. Boniturpunkt und vorjährigem Möhrenfeld (MD) zu prüfen, wurde eine zweifaktorielle ANOVA durchgeführt. Aufgrund des unterschiedlichen Vorkommens an holziger Vegetation lagen zu nicht jedem Betrieb Datensätze in jeder der drei Gehölzkategorien (wenig: $\leq$ 10 ha; mittel: > 10 - $\leq$ 80 ha; viel: >80 - 143 ha) vor. Dennoch konnte in den meisten Fällen zwischen zwei Kategorien auf signifikante Unterschiede getestet werden, sowie auf Interaktionen mit den zwei Distanzklassen (nah = $\leq$ 400 m; weit = > 400 - 1400 m) geprüft werden. Tabelle 11 zeigt die Ergebnisse der Varianzanalysen pro Betrieb. Die Richtungen der Einflüsse lassen sich an den Profilplots (Interaktionsplots, im Anhang Abbildung X 4) ablesen.

Aufgrund der guten Untersuchungsbedingungen mit einem deutlichen Möhrenfliegenaufkommen, mehreren Feldern pro Jahr und entsprechend großen Stichproben sollen die Ergebnisse von Betrieb A voranstellend besprochen werden. Hochsignifikant verschieden (P< 0,001) waren die Effekte der zwei Faktorstufen des MD auf Betrieb A. Sowohl das Fliegenaufkommen als auch der Befall waren deutlich verringert, wenn die Entfernung zu Vorjahrsflächen über 400 m betrug. Dies befindet sich in guter Übereinstimmung mit den Ergebnissen aus Kapitel 3.4.3, die ebenfalls insbesondere auf Betrieb A einen deutlichen Einfluss des MD ergaben. Zum Einfluss des Faktors Vege $_{Holz}$ zeigten sich ebenfalls signifikante Effekte. Sowohl das Fliegen- als auch das Befallsaufkommen auf Betrieb A waren bei einem größeren Vege $_{Holz}$ Anteil im Radius von 1 km (Kategorie „viel") verringert. In Bezug auf das Befallsaufkommen zeigte die signifikante Interaktion zwischen den Faktoren MD und Vege $_{Holz}$, dass bei weit entfernten Vorjahresflächen (MD „weit") ein Mehr an holziger Vegetation (Vege $_{Holz}$ „viel") zu einer deutlichen Befallsreduktion führte (Anhang, Abbildung X 4).

Auch auf den Betrieben C und E zeigten die Interaktionsplots (Anhang, Abbildung X 4) das Muster eines durchschnittlich verringerten Fliegenauftretens, wenn die holzige Vegetation im Radius der Fallen erhöht war („viel" (Betrieb C) bzw. „mittel" (Betrieb E)). Die unterschiedlichen Einflüsse innerhalb der Faktoren lieferten hier jedoch keine signifikanten Effekte und aufgrund unzureichender Wertepaare konnte nur eingeschränkt auf Interaktionen geprüft werden. Auf Betrieb D war der umgekehrte Effekt zu beobachten. Lagen Fallen und Bonitupunkte > 400 m von vorjährigen Möhrenfeldern entfernt (MD Kategorie „weit") und betrug die holzige Vegetation im Umkreis zwischen 10 und 80 ha (Vege $_{Holz}$ „mittel"), lagen Fliegenaufkommen und Befall signifikant höher als bei geringerem Vege $_{Holz}$.

Betrieb B war der einzige Versuchsstandort auf dem in allen drei Faktorstufen zur Vegetation Datensätze vorlagen (Abbildung X 4). Die Ergebnisse lassen trotz signifikanter Interaktionen keine einheitliche Schlussfolgerung zum Einfluss der Faktoren zu. Betrachtet man hier die Wirkung des Faktors Vege $_{Holz}$ zeigte sich, dass eine Erhöhung der Faktorstufe von „wenig" auf „mittel" einen Anstieg im Fliegen- sowie Befallsaufkommen zur Folge hatte, eine weitere Erhöhung von „mittel" auf „viel" jedoch zu einer Reduktion führte.

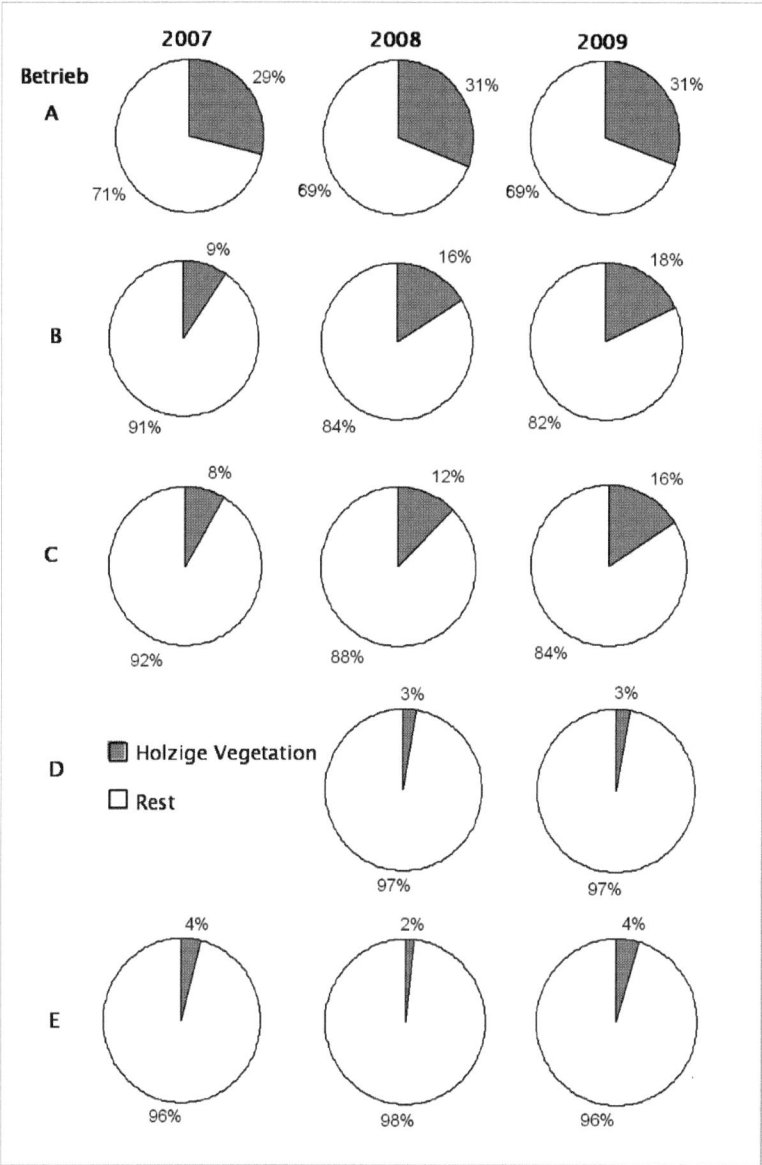

Abbildung 20: Anteil holziger Vegetation an der Gesamtfläche im Radius von 1 km (~314,2 ha) auf den Betrieben A - E in 2007 - 2009, dargestellt als Mittelwert pro Falle.

Tabelle 11: Ergebnisse der zweifaktoriellen Varianzanalyse zum Einfluss der Faktoren MD (Abstand zur Vorjahresfläche) und Vege Holz (holzige Vegetation im Radius von 1 km) sowie deren Interaktion (MD x VegeH.) auf die Fliegensumme pro Falle in erster Generation und den Möhrenfliegenbefall zum Boniturtermin. Die ANOVA wurde einzeln für die Betriebe A - E durchgeführt und umfasst jeweils die Daten der Jahre 2007 - 09 (Betrieb D: 2008-09).

Betrieb		zweifaktorielle ANOVA Abhängige Variable: Fliegen (1. Generation)				zweifaktorielle ANOVA Abhängige Variable: % Befall				
A	Faktor	df	F	Sig.		Faktor	df	F	Sig.	
	MD	(1,64)	156,702	<0,001	***	MD	(1,133)	47,797	<0,001	***
	VegeHolz	(1,64)	7,793	,007	**	VegeHolz	(1,133)	5,021	,027	*
	MD x VegeH.	(1,64)	1,269	,264		MD x VegeH.	(1,133)	5,414	,022	*
B	MD	(1,39)	,005	,945		MD	(1,103)	9,403	,003	**
	VegeHolz	(2,39)	2,926	,067	(*)	VegeHolz	(2,103)	1,200	,305	
	MD x VegeH.	(2,39)	5,580	,008	**	MD x VegeH.	(2,103)	4,890	,009	**
C	MD	(1,25)	6,253	,020	*	MD	(1,59)	,945	,335	
	VegeHolz	(1,25)	2,315	,142		VegeHolz	(1,59)	3,044	,086	(*)
	MD x VegeH.	(1,25)	.	.		MD x VegeH.	(1,59)	.	.	
D	MD	(1,8)	3,597	,107		MD	(1,29)	,560	,461	
	VegeHolz	(1,8)	5,506	,057	(*)	VegeHolz	(1,29)	6,684	,015	*
	MD x VegeH.	(1,8)	.	.		MD x VegeH.	0	.	.	
E	MD	(1,24)	3,042	,096	(*)	MD	(1,66)	,028	,868	
	VegeHolz	(1,24)	,013	,911		VegeHolz	(1,66)	,193	,662	
	MD x VegeH.	(1,24)	,641	,432		MD x VegeH.	(1,66)	1,152	,287	

Signifikanzen der zweifaktoriellen ANOVA sind mit (*) p< 0,1 ; * p < 0,05 ; ** p < 0,01 ; *** p < 0,001 gekennzeichnet. Die Fliegenzahlen sind wurzel-transformiert, die Befallsprozente arcsinwurzel-transformiert in die Analyse eingegangen.

Die Tests wurden mit wurzel-transformierten (Zähldaten) und arsinwurzel-transformierten Daten (Prozente) durchgeführt.

5.5. Diskussion

In der vorliegenden Untersuchung sollten nach Literaturlage wichtige Landschaftsstrukturen identifiziert werden, die das Vorkommen der Möhrenfliegen am aktuellen Möhrenfeld im Frühjahr fördern, und somit Rückschlüsse auf die Verbreitung der Fliegen von ihren Überwinterungsplätzen hin zu neuen Möhrenfeldern ermöglichen. Dies könnte wichtige Informationen für die landwirtschaftliche Praxis und Beratung hinsichtlich einer verbesserten Schädlingsprävention liefern. Um den Einfluss umgebender Landschaften auf lokale ökologische Prozesse zu studieren, ist es unentbehrlich Geländeausschnitte zu typisieren oder einzelne Landschaftsstrukturen zu quantifizieren. In solchen landschaftsökologischen Untersuchungen stellt sich weiterhin die Frage, welcher Raumbezug gewählt werden soll, um Prozesse wie etwa die Ausbreitung von Tieren identifizieren zu können und welche Muster sich als Faktoren zu deren Beschreibung eignen und erheben lassen (Turner, 1989; Farina, 2000, 2006). Im Versuchsgebiet war die untersuchte Fläche durch die Lagen der Möhrenfelder und deren Vorjahresflächen räumlich eingegrenzt. Wanderbewegungen der ersten Generation Möhrefliegen im Frühjahr finden primär zwischen den vorjährigen Möhrenfeldern und aktuellen Wirtspflanzenfeldern statt, jedoch nicht zwangsläufig auf direktem Weg. Da das tatsächliche Gebiet, das Möhrenfliegen bei ihrer Wanderung durchqueren unbekannt ist, weder aus der Literatur noch den eigenen Versuchen Anhaltspunkte zur Definition eines Korridors vorhanden waren, wurde die Quantifizierung wahrscheinlich relevanter Landschaftsfaktoren innerhalb konzentrischer Radien um aktuelle Fallen und Boniturpunkte als eine Annäherung herangezogen. Dies birgt jedoch die Möglichkeit falsch positiver oder auch falsch negativer Ergebnisse, da quantifizierte Strukturen, die nicht an einer Verbreitung beteiligt waren, einen entscheidenden Einfluss auf das Ergebnis haben können. Und umgekehrt kann überflüssige Vegetation einen vorhandenen Effekt relevanter Strukturen verdecken.

Die Verwendung multipler Regressionen zur Beschreibung des Möhrenfliegenauftretens mit Hilfe von mehreren Landschaftsparametern setzt einen linearen Zusammenhang zwischen den untersuchten Variablen, also der quantifizierten Struktur und dem Möhrenfliegenauftreten, voraus. In Ermangelung landschaftsökologischer Vorinformationen zur Möhrenfliege, wurde die Nutzung multipler Regressionen als ein Verfahren gewählt, das Muster zum Einfluss der wichtigsten Strukturparameter bei der Möhrenfliegenverbreitung aufzeigen sollte. Mit Hilfe der ANOVA sollte der Einfluss der Vegetation indirekt ermittelt werden. Ist der Anteil des Vege $_{Holz}$ ein förderlicher Faktor für die Möhrenfliege, wäre zu erwarten gewesen, dass sich bei nah gelegenen Vorjahresflächen (im Versuch bis maximal 400 Meter) der Einfluss des Vege $_{Holz}$ nicht signifikant auf das lokale Möhrenfliegenauftreten auswirkt. Andere Faktoren, wie z.B. olfaktorische Reize oder zufällige Dispersion könnten hier das Fliegenauftreten vorrangig bedingen, während bei weiter entfernten Vorjahresflächen (MD „weit") ein gegenläufiger Effekt zu beobachten sein sollte und die Vegetation das Möhrenfliegenauftreten fördern müsste.

Für die nachfolgende Diskussion der Ergebnisse soll berücksichtigt werden, dass das allgemeine Aufkommen der Möhrenfliege (Fliegen und Befall) auf den Betrieben B bis D gering war (vorjahresflächen-unabhängiger, schwacher Befallshintergrund) und deren signifikanten Effekte in den Analysen daher eine begrenztere Aussagekraft zugesprochen werden sollte. Die Ergebnisinterpretationen beziehen sich somit vorrangig auf die Daten des Betriebes A.

Der Faktor Ortschaft wurde nur in multiplen Regressionen auf seinen Einfluss überprüft. Hier zeigten sich sowohl förderliche als auch hemmende Einflüsse auf das Schädlingsauftreten. Ortschaften sind durch ihr potentielles Angebot an Wirtspflanzen in Hausgärten sowohl eine denkbare Fliegenquelle („source"), können können aus gleichem Grund aber auch Fliegen aus der Umgebung anziehen und damit als Ausbreitungsbarriere fungieren („sink"). Andererseits kann die erhobene bloße Fläche bebauter Ortschaften auch ein nicht ausreichend aussagekräftiger Faktor sein, um einen Fliegenbefall vorherzusagen. Eine genauere Erhebung über den Anteil der Hausgärten und den Anbau von Möhren bzw. deren Bewertung als Nektarquellen o. ä. stellte im Rahmen der Untersuchungen aber eine zu aufwendige Maßnahme dar.

In den multiplen Regressionen zeigten die Kleinstrukturen (Hecken und Bäume) zwischen vorjähriger und aktueller Möhrenfläche einen förderlichen Einfluss auf die Wahrscheinlichkeit eines Möhrenfliegenauftretens. Dies könnte ein Hinweis darauf sein, dass sich der Einfluss der Hecken und Bäume unterstützend auf die Möhrenfliegenverbreitung im Frühjahr (1. Generation) auswirkt. Jedoch bleiben Unsicherheiten bei dieser Interpretation, da nicht klar ist, welche Strukturen innerhalb der Radien den ausschlaggebenden Einfluss für das Regressionsergebnis lieferten. Die Ergebnisse der ANOVA auf Betrieb A wiesen in eine entgegengesetzte Richtung. Hier wirkte sich ein hohes Vegetationsaufkommen im Radius von

1 km um Fallen und Bonituren vergleichsweise fliegen- und befallsreduzierend aus, insbesondere wenn vorjährige Möhrenfelder über 400 m entfernt lagen (Anhang, Abbildung X 4, Betrieb A). Dieses Ergebnis lässt einerseits die Interpretation zu, dass die quantifizierten Strukturen im Vege $_{Holz}$ eine Möhrenfliegenverbreitung verhindern, z.B. weil Hecken oder Wälder als Barrieren wirken könnten. Andererseits können die Einflüsse des Vege Holz überlagert sein, wenn der Einfluss des Faktors Abstand (MD) ungleich wichtiger ist und die Wahrscheinlichkeit eines Befalls primär von dem Vorhandensein einer nah gelegenen Fliegenquelle abhängt. Im Gegensatz zum, aus der Literatur bekannten, fliegenförderlichen Einfluss der ans Möhrenfeld angrenzenden Vegetation, konnte die im vorliegenden Versuch großräumige holzige Vegetation im Radius von 1 km um aktuelle Möhrenfelder nicht als eindeutiger Risikofaktor identifiziert werden.

In der Literatur wird die Funktionalität von Hecken in Agrarlandschaften vielseitig und konträr diskutiert. So erfüllen sie zweifelsfrei wichtige Funktionen, wie beim Erosionsschutz und stellen wichtige Habitate für Nützlinge und viele Wildtierarten dar. In Bezug auf Wanderbewegungen von Insekten in Agrarlandschaften können Hecken auch Barrieren darstellen und deren Verbreitung unterdrücken (Mauremooto et al., 1995) und Gegenspieler von Kulturschädlingen fördern (Bhar & Fahrig, 1998; Chaplin-Kramer, 2009). Untersuchungen anderer Studien unterstützen die Annahme, dass holzige Vegetation in Agrarlandschaften einen weniger förderlichen Einfluss auf eine einzelne Schädlingsart hat, sondern vielmehr die Diversität von herbivoren Insekten innerhalb von Feldern erhöht (Holland & Fahrig, 2000). Aufgrund dieser gegenläufigen Möglichkeiten zum Einfluss der Vegetation bei der Verbreitung der Möhrenfliegen stellt sich die Frage, in wie fern sich ein solcher Prozess auf Landschaftsebene mit den hier im Versuch erfassten Parametern generalisieren lässt (Tischendorf, 2001). Zur besseren Klärung der Rollen bestimmter Habitate und Strukturen bei der Verbreitung von Möhrenfliegen bedarf es detaillierter Untersuchungen. Ansatzpunkte bieten sich hier beispielsweise im Bereich des Einflusses der Konnektivität (Tischendorf & Fahrig, 2000; Kindlmann & Burel, 2008) oder der Permeabilität von Hecken (Wratten et al., 2003). Letztere Autoren manipulieren zum Nachweis der Verbreitung von Schwebfliegen in Agrarlandschaften das Nahrungsangebot und verwenden *Phacelia* - Pollen als Marker im Speichel der Tiere. Solch ein indirekter Ansatz wäre auch bei der Möhrenfliege denkbar, deren

Einfluss von Landschaftsstrukturparametern auf das Ausbreitungs- und Befallsgeschehen

Wanderbewegung zwischen den Möhrenfeldern unter den praktischen Anbaubaubedingungen nicht mit einem flächigen Monitoring nachvollziehbar ist.

Weiterhin ist zu betonen, dass sich die Untersuchung auf das Ausbreitungsgeschehen der 1. Generation konzentrierte und auf die Ausbreitung der 2. Generation Möhrenfliege bewusst nicht eingegangen wurde. Zum Zeitpunkt des Fluges der 2. Generation stellen annuelle Vegetationsstrukturen sicherlich weitere potentielle Verbreitungskorridore beziehungsweise Barrieren dar, wie hohe Kulturpflanzen (beispielsweise Mais) oder auch eine hohe Saumvegetation an Feld- und Straßenrändern. Diese sehr heterogenen und unsteten Vegetationsformen im Rahmen mehrortiger Untersuchungen flächenhaft zum Flug der 2. Generation im Juli / August zu charakterisieren und zu kartieren, hätte die Kapazitäten des Forschungsprojektes übertroffen. Des Weiteren ist für das Befallsergebnis die nennenswerte Etablierung einer 1. Generation Voraussetzung und von praktisch ausschlaggebender Bedeutung, bzw. ohne 1. Generation wird der Faktor Sommervegetation für die Befallsrelevanz der 2. Generation stark relativiert. Zusätzlich ist die funktionelle Zuordnung von Sommervegetation und Fallenfängen methodisch nicht eindeutig, da diese nicht zwischen von außen einwandernden und im Feld selbst geschlüpften Tieren der 2. Generation differenzieren, was einer sauberen Interpretation der Daten entgegensteht.

Hinsichtlich einer Empfehlung für die Anbaupraxis kann aus den vorliegenden Ergebnissen geschlussfolgert werden, dass bezüglich der Arbeitshypothese „Risikofaktor Vegetation" die Landschaftsstruktur für das Befallsergebnis weniger relevant ist als angenommen.

6. Manipulation der Ausbreitung von Möhrenfliegen mit Fangstreifen

6.1. Zusammenfassung

Dreijährige Versuche zum paarweisen Einsatz von Fangstreifen (ebenfalls Möhre) auf zwei Betrieben bestätigten, dass Möhrenfangstreifen gezielt eingesetzt werden können, um Möhrenfliegen noch am Ort ihres Schlupfes zu binden (1. Fangsteifen, FS 1). Nachdem die Ergebnisse 2007 zeigten, dass der FS 1 ein attraktiver Eiablageplatz ist, folgte in 2008 eine Versuchserweiterung zur Eliminierung des gebundenen Fliegenbefalls durch Bodenbearbeitung und Überprüfung der Wirksamkeit mit den Einsatz von Photoeklektoren. Die Ergebnisse zeigten, dass eine 100% ige Unterdrückung der Fliegenentwicklung durch Grubbern von FS 1 nach erfolgter Eiablage erreicht werden kann. Um mehr Informationen über geeignete Zeitpunkte der Entfernung zu gewinnen, wurden 2009 drei Entfernungstermine und eine Kontrollvariante getestet, die eine fortschreitende Reife von Möhren (59, 69, 77, 93 Tage nach Aussaat) und Fliegenlarven aufwiesen. Des Weiteren wurde in 2009 der Nutzen des 2. Fangstreifens (FS 2) direkt an der Haupterwerbsfläche im Vergleich zu einer Kontrollvariante untersucht. Die Ergebnisse zeigen, dass sich in 2009 bei zweimaligem Grubbern, die Fliegenentwicklung im FS 1 lediglich zu max. 41% unterdrücken ließ. Ein Wiederanwachsen der gegrubberten Möhren und eine langsamere Verrottung von groben Möhrenresten sind hier als primäre Gründe zu nennen. Aus den Ergebnissen 2008 und 2009 ist zu schlussfolgern, dass a) eine spätere Aussaat (~20. April) von FS 1 und dessen frühzeitigere Entfernung (~ Ende Mai) zu empfehlen ist, damit Möhrendickenwachstum und Larvenentwicklung nicht zu weit vorangeschritten sind. FS 2, drei Meter vor einem Hauptfeld früher Möhren gelegen, zeigte hingegen keinen befallsmindernden Einfluss, der über den bekannten Randeffekt bei Möhrenfliegenbefall hinausgeht. Zusammenfassend wird der Einsatz des FS 1 auf der Vorjahresfläche als nützlich beurteilt, wenn a) lokal ein sehr hoher Fliegenschlupf zu erwarten ist und es sich b) um frühe Möhrensätze handelt. Ein Ernteabschluss bei frühen Sätzen bis Anfang August bewahrt die Möhren vor der deutlichen Befallszunahme durch die 2. Generation in der Folgezeit.

6.2. Einleitung

Möhrenfliegen sind aufgrund eines breiten Wirtspflanzenkreises innerhalb der Doldenblütler mit einer Hintergrundpopulation in den meisten Agrarlandschaften gemäßigter Breiten allgegenwärtig (Hardman & Ellis, 1982; Hill, 1987). Jedoch erfährt nicht jeder Betrieb mit Möhrenanbau auch ein Möhrenfliegenproblem. Erfahrungen zeigen, dass ein erhöhtes Möhrenfliegenaufkommen regional begrenzt ist, was auf die vergleichsweise geringe Mobilität der Tiere zurückführen scheint (Städler, 1972). Möglicherweise kommt es zu einem Anstieg der Möhrenfliegenpopulation, wenn großräumige Abstände zu befallenen vorjährigen Möhrenfeldern nicht eingehalten werden oder örtlich der Anbau früher oder später Möhren zwei Generationen pro Jahr unterstützt. Dies gilt insbesondere wenn über viele Jahre ein kontinuierlicher, d.h. jährlicher, Möhrenbau erfolgt. Der Befall durch die Möhrenfliege erfolgt bevorzugt im Randbereich der Möhrenfelder von ca. 40 m (Finch et al., 1999), weshalb große Felder mit ihrer entsprechend größeren Kernfläche hinsichtlich des Gesamtertrages als befallsärmer gelten. Die Toleranz des Handels gegenüber Möhrenfliegenschäden ist mit 1 - 2 % sehr gering (Hommes, 2009). Ist der Befallsdruck hoch, sind Maßnahmen erforderlich, die einen unmittelbar bevorstehenden Befall abwenden oder zumindest abschwächen. Im konventionellen Feldmöhrenanbau besteht bei hohem Befallsdruck eine starke Abhängigkeit von chemischen Pflanzenschutzmitteln. Jedoch wird auch dort für eine zuverlässige Möhrenfliegenkontrolle die stärkere Einbindung von nicht-chemischen Maßnahmen empfohlen wird (Collier & Finch, 2009). Aufgrund des generellen Verzichts auf chemische Pflanzenschutzmittel haben im Ökologischen Landbau pflanzenbauliche Maßnahmen, beispielsweise über die Fruchtfolgegestaltung, eine mechanische Kontrolle (insbesondere bei der Unkrautregulierung) und der Einsatz von Nützlingen eine zentrale Rolle in der Schädlingsregulation (Rigby & Cáceres, 2001; Pimentel et al., 2005; Zehnder et al., 2007; Jonsson et al., 2008). Bei einem hohen Befallsdruck durch die Möhrenfliege zeigen die gängigen Empfehlungen und Verfahren jedoch oftmals keine ausreichenden Wirkungsgrade (vgl. Kapitel 1.3). Eine weitere Möglichkeit der direkten Reduktion von Kulturschädlingen stellt der Fangpflanzenansatz (trap cropping) dar. Fangpflanzen müssen für den Zielschädling sehr attraktiv sein, sie anlocken und binden, um so eine weitere Ausbreitung zu verhindern. Solche Fangpflanzensysteme werden beispielsweise im Baumwoll-, Sojabohnen-, Kartoffel- und

Blumenkohlanbau erfolgreich eingesetzt, um Schadinsekten an speziellen Punkten zu konzentrieren, und sie daraufhin vor einer Massenvermehrung unschädlich zu machen (Hokkanen, 1991; Shelton & Badenes-Perez, 2005). Aufgrund verschiedener erfüllter Grundvoraussetzungen, insbesondere, einer möglichen Bindung von Eiablagepotential im Fangstreifen aufgrund der geringen „Ausbreitungsfreude" der Möhrenfliegen, sowie der relativen Immobilität der Larvenstadien im Fangstreifen, beschreibt bereits (Kettunen et al., 1988) den Einsatz kleinparzelliger Möhrenflächen bzw. Fangstreifen als ökologische Direktbekämpfungsmaßnahme für die Möhrenfliege unter finnischen Anbauverhältnissen. Forschungsergebnisse hierzu sind jedoch nicht bekannt geworden. Verbunden mit dem Einsatz solcher Fangstreifen im großflächigen Feldgemüsebau stellen sich Fragen nach der richtigen Fangpflanzenart, sowie zur Lage und Form der Fangpflanzenfläche und deren Aussaat- und Entfernungstermin bei praktikablen Entfernungsmethoden. Ziel der vorliegenden Studie war es, in ersten Versuchen Möglichkeiten und Hindernisse eines solchen Fangstreifeneinsatzes unter den Praxisbedingungen des ökologischen Feldgemüsebaus zu beleuchten. In einer Versuchsanlage auf zwei der kooperierenden Betriebe mit erhöhtem Fliegenaufkommen wurde dazu getestet, ob sich Möhrenfliegen der 1. Generation am Ort ihres Schlupfes, direkt auf der vorjährigen Möhrenfläche, mithilfe eines Fangstreifens (Fangpflanze Möhre) binden und die sich daran entwickelnden Larven durch rechtzeitiges Eingrubbern mitsamt Fangmöhren wirksam eliminieren lassen und damit gleichbedeutend die Entwicklung der 2. Generation unterdrücken. Mit dem Einsatz eines zweiten Fangstreifens, unmittelbar der aktuellen Erwerbsfläche vorgelagert, sollte zusätzlich untersucht werden, ob sich ein weiterer Einflug in die Hauptfläche (HF) noch vor dem Feldrand abfangen lässt.

Konkrete Versuchsziele befassten sich mit den Fragen

o Sind kleinflächige Möhrenstreifen an der Vorjahresfläche attraktiv genug, um Befallspotential zu binden?

o Lässt sich mit einem zweiten Fangstreifen eine weitere Reduktion des Einflugs der Möhrenfliege in das Hauptfeld bewirken, die über den üblichen Randeffekt hinausgeht?

o Kann das gebundene Befallspotential rechtzeitig vor der Verpuppung der Möhrenfliegenlarven durch termingerechtes Entfernen (z.B. manuell oder Eingrubbern) des Fangstreifens eliminiert werden?

6.3. Material und Methoden

Auf den Betrieben A und E wurden zwischen 2007 und 2009 jeweils 2 Fangstreifenversuche durchgeführt (Betrieb A: 2008 und 2009, Betrieb E: 2007, 2009). Dazu wurde ein erster Fangstreifen (FS 1) direkt auf der vorjährigen Möhrenfläche angelegt, um die schlüpfenden Fliegen vor Ort zu binden und ein zweiter Fangstreifen (FS 2) der aktuellen Möhrenfläche vorgelagert (Abbildung 21). Die Anlage erfolgte in praxisüblicher Saatstärke zum Aussaattermin der zu schützenden frühen Möhrensätze Ende März bis April. Die Breite der Fangstreifen betrug jeweils 4 Dämme (nur Betrieb A 2008 mit 2 Dämmen), die Länge der Fangstreifen richtete sich nach der jeweiligen Feldgeometrie. Tabelle 12 gibt einen Überblick über die Versuchsbedingungen. Für die Dokumentation des Befallsdrucks wurde ein praxisübliches Gelbtafelmonitoring (vgl. Kapitel 2.2) im FS1, FS2 und im Hauptfeld (HF) durchgeführt, mit 1 - 2 Fallenkontrollen pro Woche (Abbildung 21). Die Distanzen zwischen der Vorjahres- und Haupterwerbsfläche waren für die Betriebe sehr unterschiedlich und lagen zwischen einer Feldwegbreite von ca. 10 m, Betrieb A, 2009 und 1000 m auf Betrieb E in 2009 (Tabelle 12). Zur Feststellung des Befalls und geeigneter Entfernungstermine des FS 1 wurden im kritischen Zeitraum der Larvenentwicklung der 1. Generation Möhrenfliege (Mai bis Juni) drei Befallsbonituren an den heranreifenden Möhren im FS 1, FS 2 und dem Randbereich des zu schützenden Möhrenfeldes (HF) durchgeführt. Dazu wurden pro Boniturpunkt 50 Möhren aus je 4 Teilproben (2 x 12 und 2 x 13) entnommen, gewaschen und auf Anwesenheit von Larvenfraßspuren untersucht.

Manipulation der Ausbreitung von Möhrenfliegen mit Fangstreifen

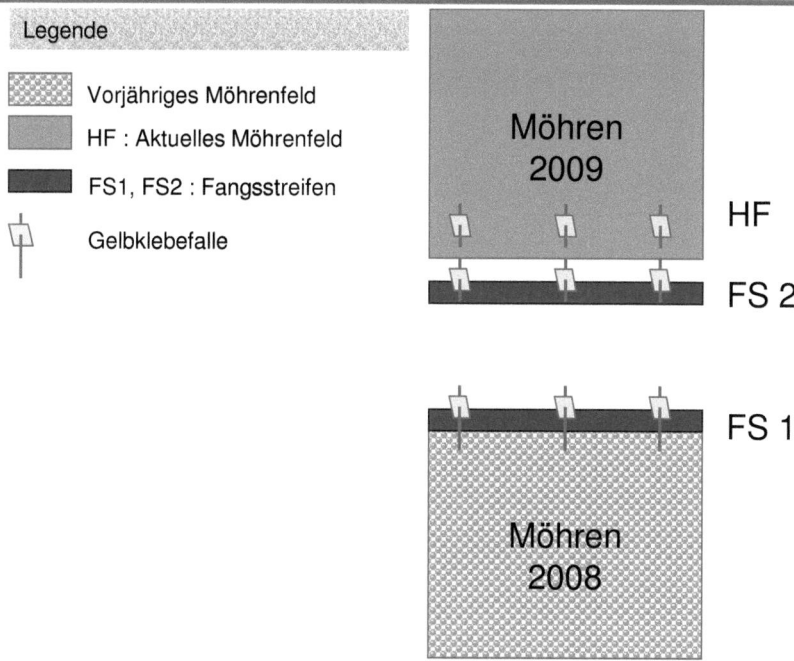

Abbildung 21: Schematischer Aufbau der Fangstreifenversuche am Beispiel des Versuchsjahres 2009, Betrieb E. Fangstreifen 1 (FS 1) liegt am Vorjahresfeld, Fangstreifen 2 (FS 2) ist der aktuellen Haupterwerbsflächen (HF) vorgelagert. Neben dem Gelbtafelmonitoring wurden auch die Bonituren in räumlicher Nähe (jedoch mindestens 3 m Abstand von der Falle) durchgeführt.

Zusätzlich wurde das Simulationsmodell SWAT (Gebelein et al., 2004) genutzt, um mit der simulierten Larvenentwicklung der drei Larvenstadien (L1-L3) eine bessere Einschätzung des Befallsgeschehens zu erhalten. (Zur Funktionsweise von SWAT siehe auch Kapitel 2.3). Da die Haupteiablagephase der 1. Generation Möhrenfliege über einen Zeitraum mehrerer Tage bis Wochen stattfindet, erfolgen parallel zur Larvenentwicklung aus frühen Eiern weitere Eiablagen, aus denen wiederum Larven schlüpfen. Das Zeitfenster bis zur Fangstreifenentfernung sollte also eine möglichst vollständige Bindung der Eiablage am FS 1 ermöglichen und dennoch eine Verpuppung der ältesten Larven (außerhalb der Möhren) verhindern. Es galt in Abwägung einer maximalen Bindung von Eiern, den spätest möglichen Entfernungstermin zu finden, der eine Weiterentwicklung der Fliegenlarven bis zu Puppe verhindert. Das daraus abgeleitete Zeitfenster für eine FS - Entfernung erforderte also einerseits, möglichst viele Fliegen zu binden, andererseits die Entwicklung von Puppen in jedem Fall zu vermeiden.

6.3.1. Entfernung des FS 1

Die komplette Entfernung der jungen Möhren in Fangstreifen 1 erfolgte in 2007 aufgrund eines fortgeschrittenen Dickenwachstums der Möhre per Hand. Aufgrund des damit einhergehenden Zeitaufwandes und der geringen Praxistauglichkeit wurden die Fangstreifen in 2008 und 2009 mit dem Grubber bearbeitet - ein Ansatz der bessere Aussichten bietet, sich in die Betriebsabläufe integrieren zu lassen. Der Boden des Fangstreifens 1 wurde dazu zweimalig bearbeitet, mit jeweils einem einwöchigen Abstand zwischen den Bearbeitungsterminen. In 2008 wurde bis auf Kontrollparzellen (3-fache Wiederholung) der FS 1 am 09. Juni geräumt. In 2009 (Betrieb A) wurde der FS 1 zu drei verschiedenen Bearbeitungsterminen (05.Juni; 15 Juni; 23.Juni, in 4-facher Wiederholung) entfernt. In Kontrollabschnitten wurden wie in 2008 Abschnitte des FS 1 stehen gelassen, um dort den Larven und Möhren eine Weiterentwicklung zu ermöglichen. Auf Betrieb E in 2009 erfolgte eine Entfernung des FS 1 sowie des FS 2 am 12. Juni.

Auf dem Betrieb A wurde in den Jahren 2008 und 2009 die mögliche Unterdrückung der Möhrenfliegenentwicklung in FS 1 durch maschinelles Eingrubbern getestet. Dazu wurden die Schlupfzelte (Photoeklektoren à 0,33 m^2) (Funke, 1971; Lang, 2000) auf den gegrubberten Parzellen des ehemaligen FS 1 rechtzeitig vor dem Beginn des Schlupfes der 2. Generation Fliegen (09. Juli) aufgebaut und die Anzahl schlüpfender Fliegen bis zum September 1-2 x wöchentlich notiert (Abbildung 22). Anhand der Anzahl geschlüpfter Fliegen unter den Zelten (2. Generation) wurde der Unterdrückungserfolg im Vergleich zu ungestörten Fangstreifenabschnitten bemessen. Einen Überblick über die wichtigsten Versuchsparameter sowie Ergebnisse gibt Tabelle 12.

Abbildung 22: Fangstreifen 1 des Betriebes A 2009 mit Schlupfzelten auf den 4 Abschnitten verschiedener Behandlungen: Gegrubbert am 05., 15., 23. Juni bzw. nicht entfernt (Kontrolle).

6.3.2. Überprüfung der Wirksamkeit des zweiten Fangstreifens (FS 2)

In 2009 wurde auf Betrieb A zudem getestet, ob die Anlage eines zweiten Fangstreifens (FS 2), drei Meter vor dem aktuellen Möhrenfeld, den Einflug der Möhrenfliegen und daraus folgenden Befall reduzieren kann. Um festzustellen, ob eine Schädlingsverminderung auf die 3 m möhrenfreie Lücke zurückzuführen ist und nicht nur auf die übliche Befallsabnahme mit zunehmender Distanz zum Feldrand (Finch et al., 1999), musste zusätzlich eine Kontrollvariante aus durchgängig gesäten Möhren getestet werden. Daraus ergab sich im Feldrandbereich ein Versuchsdesign mit alternierenden Abschnitten (Möhrenbesatz bzw. möhrenfreier Lücke) zwischen dem FS 2 und der Kernparzelle (Abbildung 23). Jeweils vor und hinter den „Lücken" wurden Fallen positioniert und der Befall in den heranreifenden Möhren dreimalig im Zeitraum Mai – Juni erfasst (Abbildung 23). Parallel wurde im gleichen Verfahren das Schädlingsaufkommen in den Kontrollbereichen erfasst und anschließend die beiden Varianten vor bzw. hinter dem 3 m breiten Abschnitt in einem Mittelwertvergleich auf Unterschiede getestet.

Manipulation der Ausbreitung von Möhrenfliegen mit Fangstreifen

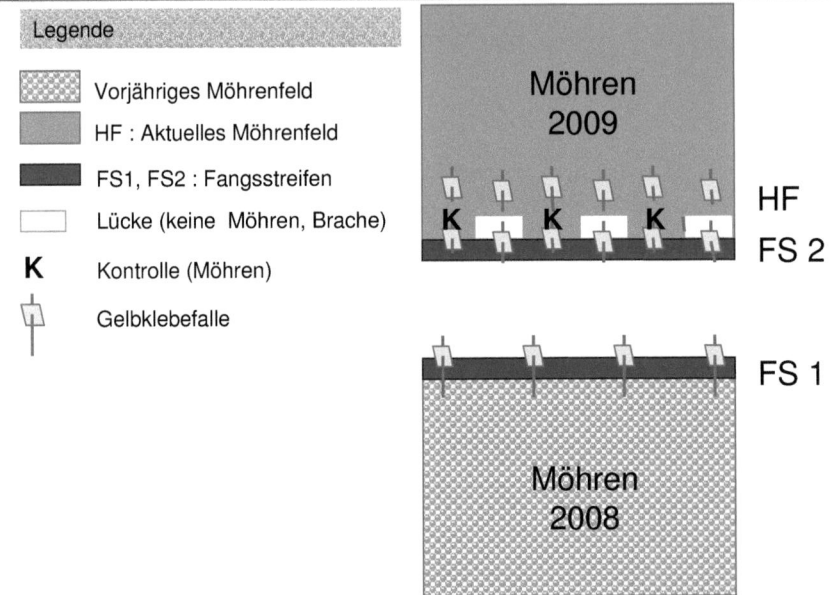

Abbildung 23: Schema der Fangstreifenversuche am Beispiel des Betriebes A in 2009. Fangstreifen 1 (FS 1) liegt auf dem vorjährigen Möhrenfeld, Fangstreifen 2 (FS 2) ist der aktuellen Haupterwerbsfläche (HF) vorgelagert. Die Positionen der Gelbtafeln entsprechen den Standorten der Bonituren. K kennzeichnet die Kontrollvariante in den alternierenden Abschnitten zwischen FS 2 und der Kernparzelle des HF. Die Länge der Lücken und ihrer Kontrollvarianten betrug jeweils 36 m und eine Breite von 4 Dämmen ~ 3m.

6.3.3. Statistik

Statistische Analysen wurden mit dem Programm SPSS 18 (IBM Deutschland GmbH, München) durchgeführt. Unterschiede im Fliegenaufkommen des FS 1, FS 2 und HF wurden pro Versuchsjahr und Betrieb mit den Mittelwerten der Fliegensummen in einer ANOVA (Köhler et al., 1995) getestet. Das unterschiedliche Befallsaufkommen im FS 1, FS 2 und HF wurde gleichfalls mit den Mittelwerten der Boniturergebnisse in einer ANOVA getestet. Der Fliegenschlupf in den Photoeklektoren in den FS 1 - Abschnitten zu drei Entfernungsterminen und einer Kontrollvariante in 2009 wurde gleichermaßen untersucht. Für den Versuch zum Nutzen des FS 2 in 2009 wurden Unterschiede im Fliegenaufkommen und Befall jeweils vor und hinter einer möhrenfreien Lücke mit ihrer Kontrollvariante mit einem gepaarten T-Test untersucht (Köhler et al., 1995). Zur Spezifizierung der Effekte zwischen den Faktorstufen wurden im Post Hoc Verfahren Tukey´s Tests durchgeführt.

6.4. Ergebnisse

6.4.1. Fliegen- und Befallsaufkommen in den Fangstreifen 1 & 2 sowie im Hauptfeldrand

Während der vier Versuche innerhalb der Jahre 2007 - 2009 dauerten die jeweiligen Flugzeiten der 1. Generation Möhrenfliege etwa von Ende April bis Ende Juni, jedoch mit einem deutlichen Höhepunkt Mitte bis Ende Mai. Entsprechend der Erwartung, nahmen die Fangsummen des Gelbtafelmonitorings in FS1, FS2 und HF-Randbereich mit zunehmender Entfernung zur Vorjahresfläche in allen Versuchsjahren deutlich ab (Tabelle 12). Eine ANOVA zum Fliegenaufkommen im FS 1, FS 2 und HF zeigte in allen Versuchen ein deutlich vermehrtes Fliegenaufkommen im Fangstreifen auf der Vorjahresfläche. Signifikante Unterschiede bestanden zwischen dem Fliegenaufkommen (der 1. Generation) im FS 1 und dem FS 2 (außer in 2007) sowie dem FS 1 und dem aktuellen Möhrenfeld (HF). (2007: $F_{(2, 8)}$ = 5,82, P = 0,039; 2008: $F_{(2, 8)}$ = 13,76, P = 0,006; 2009 (Betrieb A): $F_{(2, 8)}$ = 23,69, P = 0,001; 2009 (Betrieb E): $F_{(2, 8)}$ = 106,68; P = < 0,001). Dieser Gradient zwischen vorjähriger und aktueller Möhrenfläche im Fliegendruck spiegelte sich mit ähnlichem Muster auch in den Befallsunterschieden wider. Eine ANOVA zeigte vor allem zu den Boniturterminen t1 und t2 signifikante Unterschiede zwischen dem Befall im FS 1 und FS 2 und HF, sowie zwischen den (nur wenige Meter auseinander gelegenen) FS 2 und HF. Mit fortschreitendem Larvenfraß im Zeitverlauf verringerten sich diese Unterschiede. Zum Zeitpunkt der Ernte (t3) fielen die Unterschiede zwischen dem FS 2 und dem Hauptfeld nicht mehr so deutlich aus (Tabelle 12). Ein Vergleich mit dem FS 1 war zum Erntezeitpunkt nicht mehr möglich, aufgrund der Entfernungen des 1. Fangstreifens nach dem Abklingen des Möhrenfliegenfluges. Ergebnisse der ANOVA zum Boniturzeitpunkt t1 2007: $F_{(2, 10)}$ = 139, 77, P 0 < 0,001; t1 2008: $F_{(2, 8)}$ = 19,55; P = 0,002; t2 2009 (Betrieb A): $F_{(2, 8)}$ = 14,47, P = 0,005; t1 2009 (Betrieb E): $F_{(2, 11)}$ = 162,26, P = < 0,001).

Tabelle 12: Versuchsplan und Ergebnisse der Fangstreifen Versuche 2007-09 im Überblick

Versuchsjahr	2007	2008	2009	
durchführender Betrieb	E	A	A	E
Distanz zw. FS 1+2	130 m	180 m	10 m	1040 m
Distanz zw. FS 2 und HF	7 m	1.5 m	3 m	7 m
Distanz zw. Fallen (FS 2 und HF)	15 m	15 m	15 m	15 m
Aussaat Fangstreifen	30.03.	23.04.	07.04.	17.04.
Auflauf Fangstreifen	09.04.	02.05.	16.04.	30.04.
Auflauf Hauptfläche	09.04.	02.05.	16.04.	06.04.
Entfernung Fangstreifen 1	15.06.	09.06.	05.,15.,23.06.	12.06.
Alter der Möhren bei Entfernung	77 Tage	47 Tage	59, 69, 77 Tage	56 Tage
Tage zw. Auflauf u. Entfernung	67	38	50,60,68	43
Bonitur t1	13.06.	05.06.	04.06.	03.06.
Bonitur t2	27.06.	25.07.	23.06.	24.06.
Bonitur t3	20.07.	21.08.	18.08.	11.08.
N (Befallsproben) t1	4	3	3	4
N (Befallsproben) t2	4	3	3	4
N (Befallsproben) t3	3	3	3	4
N (Möhren / Probe)	100	50	50	50
Ergebnisse				
Flug der 1. Generation (Gelbtafelmonitoring)	13.5. - 22.6.	05.5. - 01.7.	16.4. - 26.6.	20.4. - 29.6.
Σ Fliegen (Gen 1) /Falle, FS 1	60 a	112 a	143 a	443 a
Σ Fliegen (Gen 1) /Falle, FS 2	37 ab	49 b	48 b	43 b
Σ Fliegen (Gen 1) /Falle, HF	12 b	25 b	44 b	14 b
Befall t1 (FS1) %	100 a	41 a	51 a	90 a
Befall t1 (FS2)	19 b	4 b	28 a	10 b
Befall t1 (HF)	0 c	6 b	36 a	5 b
Befall t2 (FS1)	entf.	26 ab	92 a	entf.
Befall t2 (FS2)	73 a	45 a	63 b	5 a
Befall t2 (HF)	5 b	14 b	57 b	8 a
Befall t3 (FS1)	Entf.	entf.	entf.	entf.
Befall t3 (FS2)	68 a	37 a	71 a	entf.
Befall t3 (HF)	25 a	27 a	65 a	25
Befall t3 im gesamten HF	11	16	38	13
Eklektoren	nein	ja	ja	Nein
Aufbau Eklektoren		09.07.	09.07.	
Abbau Eklektoren		01.09.	10.09.	
Fliegen pro Eklektor (MW)		0, (Kontr.35)	40, 52, 58, (Kontr. 68)	

6.4.2. Zeitliche Koinzidenz von Fangpflanzen und Fliegen, Entfernung des Fangstreifens 1

Die deutlich erhöhten Fliegen und Befallszahlen im FS 1 zeigten, dass in allen Versuchsjahren die Möhren im FS 1 rechtzeitig aufgelaufen waren und bereits attraktiv genug waren, um Befallspotential zu binden und ein Abwandern der Tiere zu reduzieren. In den vier Versuchen erfolgte die Aussaat der Fangstreifen zeitgleich mit dem Hauptfeld (nur auf Betrieb E in 2009 später) und die Entfernung des FS 1 nach Abklingen der 1. Generation Möhrenfliege. Dadurch ergaben sich unterschiedliche Expositionszeiten, zu denen eine Eiablage an den Fangpflanzen geschehen konnte (Abbildung 24). In 2008 wurde der FS 1 nach 47 Tagen entfernt. In 2009 wurden mehrere Entfernungszeitpunkte (nach 59, 69 und 77 Tagen) untersucht. Um die Larvenentwicklung einzuschätzen wurde begleitend zum Monitoring das Simulationsmodell SWAT eingesetzt. Auf der Grundlage der regionalen Tagesmittelwerte der Temperatur zeigten die Simulationen zum Entfernungstermin in 2008, dass alle geschlüpften Larven in frühen Entwicklungsstadien vorliegen sollten (L1 und L2). Gleichermaßen bestand auch zum 1. Entfernungstermin in 2009 die Larvenpopulation aus L1 und L2 Stadien (ohne Abbildungen). Zum 2. Entfernungstermin wurde der Großteil der Larven als L2 und L3 Stadien simuliert, zum 3. Entfernungstermin war laut Simulation bereits mit ersten Puppen zu rechnen.

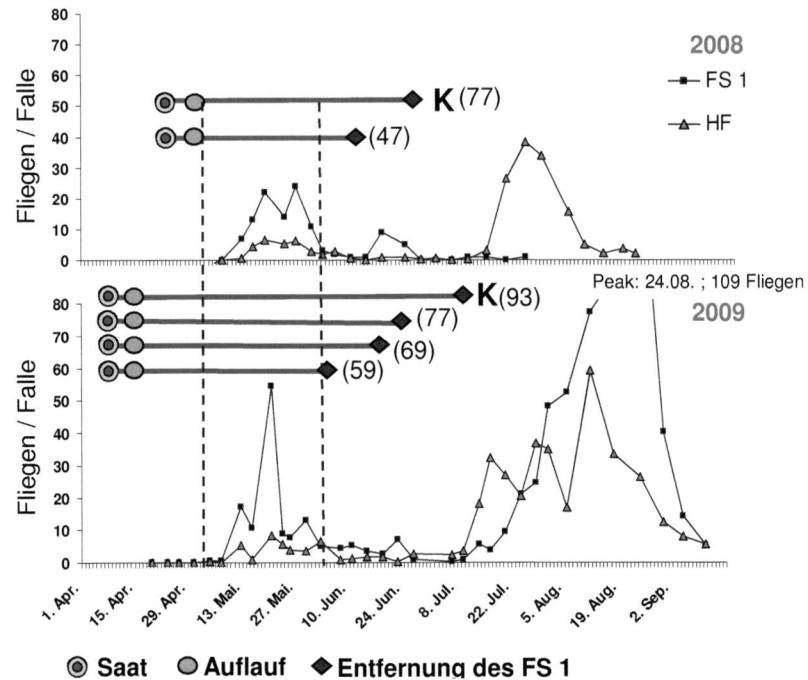

⊚ Saat ◯ Auflauf ◆ Entfernung des FS 1

Abbildung 24: Fliegenfänge auf Gelbtafeln im Fangstreifen 1 (FS 1) und Hauptfeld (HF), sowie das Möhrenwachstum im FS 1 von Aussaat über Auflaufen bis zum Grubbern (in Tagen) auf Betrieb A in 2008 und 2009. K= Kontrolle: FS 1- Abschnitte mit ungestörter Möhrenentwicklung. Vertikale gestrichelte Linien markieren den Hauptflug der 1. Generation Möhrenfliege und gleichbedeutend das anzustrebende Zeitfenster einer Fangpflanzenpräsenz.

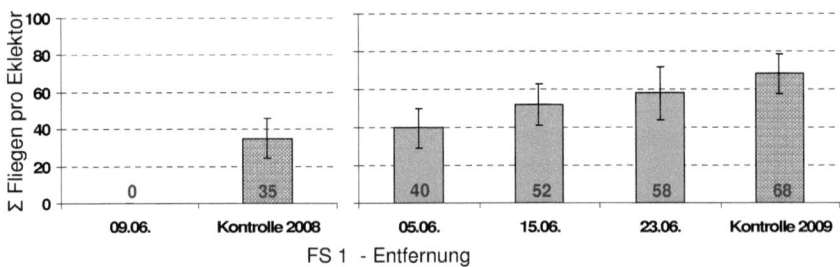

Abbildung 25: Dargestellt sind die mittlere Anzahl Fliegen, die in den Photoeklektoren auf dem ehemaligen FS 1 nach unterschiedlichem Entfernungsdatum geschlüpft sind. Abschnitte des FS 1 wurden in 2008 am 09. Juni (links) und in 2009 am 05., 15. und 23. Juni entfernt (rechts). Mittelwerte sind als Ziffern in den Balken angegeben, Federbalken entsprechen Standardfehler.

Zur Überprüfung der unterdrückten Fliegenentwicklung wurden am 09. Juli Photoeklektoren auf die ehemaligen FS 1 - Abschnitten platziert. Bis Anfang September schlüpften in den Zelten die Möhrenfliegen der 2. Generation, die in den Kopfdosen aufgefangen wurden. Im Versuchsjahr 2008 schlüpften im ehemaligen FS 1 keine Fliegen, während in den Kontrollparzellen durchschnittlich 35 pro Eklektor gefangen wurden. Die mechanische Fangstreifenentfernung 47 Tage nach Aussaat unterdrückte die Fliegenvermehrung somit zu 100 %. In 2009 wurden in den Varianten 1., 2., 3. Entfernungstermin & Kontrolle im Mittel 40, 52, 58 & 68 Tiere pro Schlupfzelt gezählt (Abbildung 25). Gemessen an den Kontrollparzellen erfolgte in 2009 somit eine Unterdrückung der Fliegenentwicklung nur zu max. 41%.

6.4.3. Fangstreifen 2 -Zusatznutzen oder nur Randeffekt am Hauptfeld?

Bei Untersuchungen zur Wirksamkeit des 2. Fangstreifens (FS 2) wurde der Einfluss einer drei Meter breiten Lücke (keine Möhren, Brache) zwischen dem FS 2 und dem Möhrenfeldrand untersucht. Das Möhrenfliegen:Monitoring zeigte, dass über die Distanz von ca. 15 m zwischen den Fallenstandorten im FS 2 und HF das Fliegenaufkommen nur leicht vermindert war.

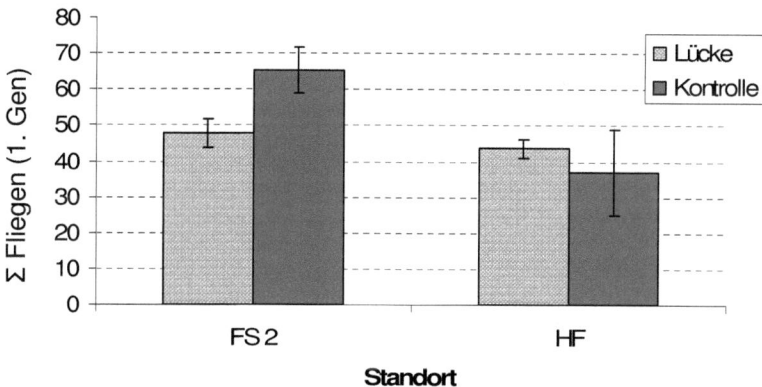

Abbildung 26: Fangzahlen des Gelbtafelmonitorings am Möhrenfeld 1 des Betriebes A in 2009. Dargestellt sind Mittelwerte mit Standardfehler der Summen Möhrenfliegen aus 1. Generation (1. Gen) im 2. Fangstreifen (FS 2) und im Hauptfeld (HF), mit Möhren (Kontrolle) und Brache (Lücke) als Variante. Ergebnisse der t-Tests siehe Text.

Vergleichende Fliegensummen in den alternierenden Abschnitten von durchgängig gesäten Möhren (Kontrolle) und Lücken ergab sowohl innerhalb des FS 2 als auch innerhalb des HF keine eindeutigen Unterschiede im Gesamt – Fliegenaufkommen der 1. Generation von (Mitte April bis Ende Juni, (Abbildung 26, t-Test, FS 2: T (2) = 1,74; P = 0,23, HF: T (2) = -0,5; P = 0,67). Der Befall wurde zu drei verschiedenen Zeitpunkten (t1 – t3, s. Tabelle 12) in den gleichen Abschnitten untersucht.

Manipulation der Ausbreitung von Möhrenfliegen mit Fangstreifen

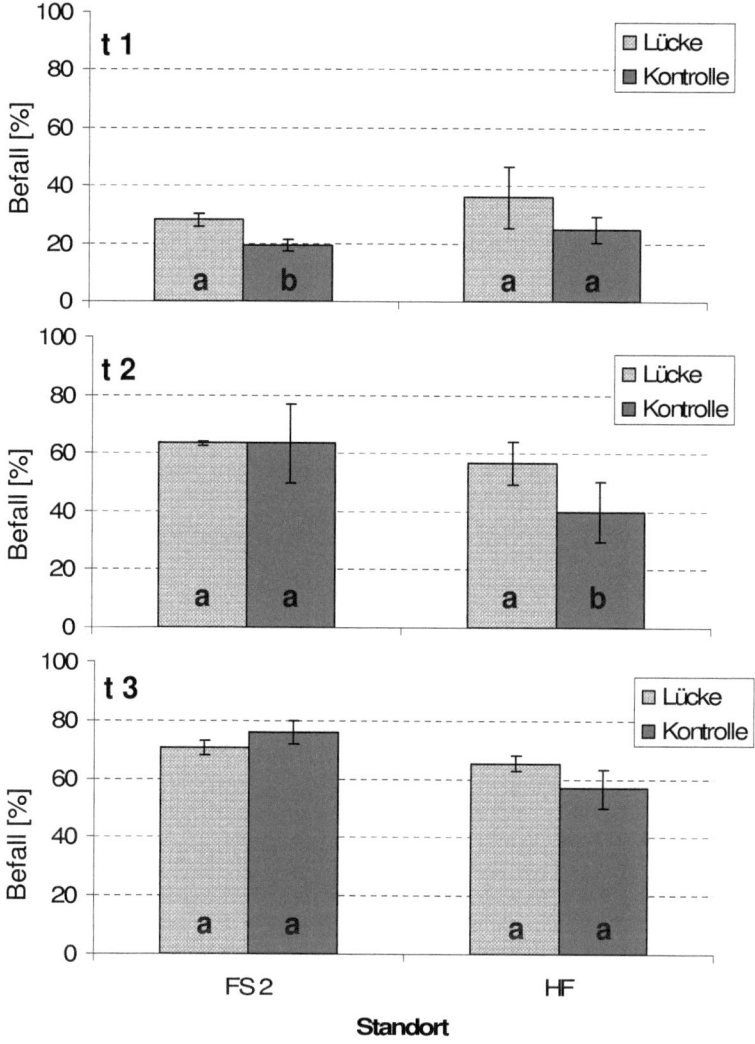

Abbildung 27: Befallswerte [%] von Möhrenfliegen an drei Boniturterminen (t1 = 04.06.; t2 = 23.06.; t3 = 18.08.) am Möhrenfeld 1 des Betriebes A in 2009. Dargestellt sind Mittelwerte mit Standardfehler im 2. Fangstreifen (FS 2) und Hauptfeld (HF), mit Möhren (Kontrolle) und Brache (Lücke) als Variante. Ergebnisse der t-Tests siehe Text.

Im gesamten Boniturverlauf wurde ebenfalls keine befallsmindernde Wirkung der drei Meter breiten Lücke zwischen dem FS 2 und dem Hauptfeld gefunden. Stattdessen war zum Zeitpunkt t2 der Befall im HF in der Kontrollvariante signifikant geringer als der Befall, der

„hinter den Lücken" ermittelt wurde (t-Test: T (2) = - 4,73; P = 0,045). Dieser vermeintlich befallsfördernde Einfluss der Lücken konnte jedoch bei der folgenden Bonitur (zum Erntebeginn, t3) nicht erneut bestätigt werden (Abbildung 27). Signifikante Befallsunterschiede im FS 2 wurden nur einmalig zum Zeitpunkt t1 ermittelt, an dem die Abschnitte vor den Lücken einen geringen Befall aufwiesen (t-Test: T (2) = - 4,91; P = 0,039). Dieser Unterschied nivellierte sich bis zur folgenden Bonitur.

6.5. Diskussion

Das Ziel des Fangstreifenansatzes, die 1. Generation außerhalb der Erwerbsflächen zum Schutz früher Möhrensätze im FS 1 zu binden und zu eliminieren, konnte im Wesentlichen erreicht werden. Eine wichtige Erkenntnis im Projektverlauf bildet der Umstand, dass bereits Möhrenkeimlinge ab Feldaufgang, massenhaft Möhrenfliegen binden können. In 2009 waren aufgrund der zu frühen Aussaat von FS 1 die Rübenkörper zu allen Grubberterminen (t1-t3) bereits zu stark, sodass es zum zahlreichen Wiederanwachsen kam, die hohen Verpuppungserfolg und Fliegenschlupf in den Photoeklektoren zu allen Grubberterminen bewirkte (Tabelle 12, Betrieb A, 2009). In 2008 liefen die Möhren nur wenige Tage vor dem Erscheinen der Fliegen auf und wurden rechtzeitig entfernt (Abbildung 24), was eine 100 %ige Unterdrückung der Fliegenentwicklung bewirkte. Das vorliegende Versuchsdesign lässt keine Aussagen darüber zu, zu welchem Anteil der FS 1 das Abwandern der Fliegen von der Infektionsquelle verhinderte. Dies erschwert Angaben zu den mit der Befallsreduktion einhergehenden Ertragsgewinnen im Hauptfeld. Muss der FS 1 zeitlich getrennt vom Hauptfeld gesät werden und dafür Maschinen und Geräte extra eingespannt werden, steigen die Kosten. Ausgaben für zusätzliches Saatgut belaufen sich für einen 3 m x 150 m großen Fangstreifen auf ca. 45 Euro (Rechengrundlage ~ 1000 € Saatgutkosten pro Hektar). Kostenaufwendiger kann es werden, wenn starke Trockenheit ein termingerechtes Auflaufen der Möhren verhindert und Bewässerung notwendig macht oder eine zu weit fortgeschrittene Möhrenentwicklung die komplette Entfernung der Pflanzen erfordert.

Beim Einsatz des FS 2 konnten keine deutlichen Befallsminderungen gegenüber dem Hauptfeld festgestellt werden. In den vorliegenden Versuchen haben sich anfängliche Unterschiede im Befallsaufkommen zwischen dem FS 2 und dem Hauptfeldrand bis zum

Erntebeginn nivelliert. Jedoch lässt sich nicht abschließend beurteilen, ob die Versuchsanlage zum FS 2 in 2009 mit 3 x 36 m großen „Lücken" repräsentativ genug war, um eine potentielle Einflugverminderung durch Brache - Abschnitte nachzuweisen. Möhrenfliegen fliegen zwar flach über dem Möhrenlaub, in ihrer Wahrnehmung könnte ein 3 m breiter Brachestreifen bereits zum Verharren in dem vorgelagerten Fangstreifen beitragen. Die Weibchen sind jedoch während der Eiablageperiode sehr aktiv und pendeln mehrmals von außerhalb in den Feldrand hinein. Das Versuchsdesign sah vor, dass Möhrenfliegen von der Vorjahresfläche aus frontal auf den FS 2 zufliegen. Eine Voraussetzung, die mit dem direkt gegenüber gelegenen vorjährigen Möhrenfeld für Praxisbedingungen recht gut erfüllt war. Trotzdem war die Einflugrichtung der Fliegen nicht kontrollierbar und ein wesentlicher Teil der Tiere könnte ebenso gut schräg ins Möhrenfeld geflogen und somit ohne Wahrnehmung einer möhrenfreien Lücke hinter diese gelangt sein. Dieser Umstand könnte den Befall im Hauptfeld hinter den Lücken erhöht und einen Effekt überdeckt haben. Um dies abzuklären müssten vergleichbare Versuche mit längeren Abschnitten mit und ohne Möhre zwischen FS 2 und HF wiederholt werden. Bei der jetzigen schwachen Bindungseffizienz von FS 2, der sich vom bloßen Randeffekt an der Hauptfläche nicht sicher trennen ließ, ist FS 1 hinsichtlich einer Befallsbindung wichtiger als FS 2 einzustufen. Der FS 2 erscheint nach der jetzigen Ergebnislage in Abwägung mit dem Aufwand als verzichtbar. Wird mit einem sehr starken Fliegendruck am Hauptfeld gerechnet, könnte parallel zum Entfernungsprinzip des FS 1 der Randbereich des aktuellen Möhrenfeldes mechanisch bearbeitet werden, um dort eine Entwicklung der zweiten Generation Möhrenfliegen zu verhindern. Eine gesonderte Anlage eines 2. Fangstreifens wäre dann überflüssig, jedoch gingen Ertragseinbußen durch verminderte Ernteflächen an der Haupterwerbsfläche damit einher.

Für die zeitliche Abstimmung zur Entfernung der Fangstreifen ist ein begleitendes Monitoring mit Gelbklebefallen unentbehrlich. SWAT bietet keinen ausreichenden Ersatz für das Fliegenmonitoring mit Gelbtafeln, da es keinen Aufschluss darüber gibt, ob überhaupt Fliegen vorhanden sind und wie hoch der Befallsdruck ist. Die Verfügbarkeit langjähriger regionaler Klimadaten und eine gewisse Übung im Umgang mit der Software vorausgesetzt, kann die zusätzliche Nutzung des Simulationsmodells jedoch hilfreiche Informationen zum Einschätzen der Fliegenentwicklung liefern.

Unter den genannten Voraussetzungen kann FS 1 einen Beitrag leisten, extremen Fliegendruck in frühen Möhrensätzen zu reduzieren. Je nach Möhrenanbau und Betriebsstruktur könnte sich eine FS – Anlage mit geringem Aufwand in den Betriebsablauf integrieren lassen. Zwei Grundvoraussetzungen wurden zum Einsatz von Fangstreifen herausgearbeitet:

a) Eine zu frühe Saat von FS 1 muss vermieden werden, damit durch die notwendige Standzeit der Fangspflanzen bis zum Abklingen der 1. Fliegengeneration nicht das Dickenwachstum der Rübenkörper zu weit fortschreitet und für Eliminierungsmaßnahmen problematisch wird. Ein Feldaufgang um den 20 April, zum Flugbeginn der 1. Generation, konnte als besonders Erfolg versprechend für diesen Ansatz herausgearbeitet werden. Dies bedeutet für die Praxis, dass die Aussaat von FS 1 gegebenenfalls auch zeitlich unabhängig von der Hauptflächensaat erfolgen kann.

b) Sofortiges Eingrubbern der Fangstreifenmöhren zeitnah zum Abklingen des Hauptfluges der 1. Generation (Ende Mai/ Anfang Juni). Auf das Flugende sollte nicht gewartet werden, damit die Fadenwurzeln der Jungpflanzen noch keinen Rübenkörper gebildete haben. So wird dem Larvenbesatz die Lebensgrundlage weit vor der Verpuppung durch schnelles Verrotten entzogen und die unerwünschte Bildung einer 2. Generation zuverlässig unterdrückt. Diese Konstellation wurde in 2008 auf Betrieb A (Tabelle 12, Photoeklektorenschlupf = 0) erzielt.

Für eine erfolgreiche Unterdrückung der Fliegenentwicklung ist das zeitliche Management des Fangstreifens jedoch essentiell. Bei einer weiterführenden Beurteilung der Praxistauglichkeit von Fangstreifen sind detaillierte Kosten-Nutzen-Analysen erforderlich. Diese schließen insbesondere den Zeit- und Materialaufwand für die Anlage und Entfernung der Fangstreifen ein, hängen jedoch auch von dem individuell zu erwartenden Befallsausmaß ab.

7. Abschließende Diskussion und Schlussfolgerungen

Möhrenfliegen sind in den Agrarlandschaften gemäßigter Breiten allgegenwärtig und keine der vorgestellten Regulierungsmaßnahmen kann den Schädling gänzlich verbannen, da Wildkräuter und Hausgärten eine geringe Population stützen und ein Befallsrisiko aufrechterhalten. Beachtenswert ist jedoch die Tatsache, dass nicht jeder Möhren anbauende Betrieb von einem erhöhten Fliegenproblem betroffen ist. In der Praxis des Feldgemüsebaus sind die regionalen Unterschiede mitunter sehr groß. Von der Dauer, über die ein Betrieb Möhren anbaut, über die Fläche, die er mit Möhren bewirtschaftet, bis zur räumlichen und zeitlichen Aufteilung und Bewirtschaftung seiner Möhrenfelder und -sätze unterscheiden sich die Betriebe (Tabelle 1). Die Möhrenfliegenproblematik findet ihren Ursprung mitunter in genau diesen regionalen Unterschieden und erfordert eine Klärung unter den jeweiligen Anbau- und naturräumlichen Bedingungen. Damit gingen auch Probleme für die vorliegende wissenschaftliche Untersuchung einher, z.B. wenn Daten zum Schädlingsauftreten von wenigen, sich gegenseitig beeinflussenden Möhrenfeldern stammten. Diese Umstände waren als Voraussetzung unumgänglich, um Lösungsansätze für die Praxis zu erarbeiten. Aus den unterschiedlichen Anbaukonstellationen der fünf Versuchsbetriebe konnten im Untersuchungszeitraum von drei Jahren wichtige Erkenntnisse zur Befallswahrscheinlichkeit von Möhrenfliegen abgeleitet werden. Ergebnisse und daraus abgeleitete Präventionsmöglichkeiten werden im Folgenden a) gesondert für jeden der fünf Versuchsbetriebe besprochen und b) werden überbetriebliche Einschätzungen zu den Risikofaktoren diskutiert, mit dem Ziel Informationen für individuelle Lösungsansätze bereitzustellen.

7.1. Einzelbetriebliche Ergebnisdiskussion und Empfehlungen

7.1.1. Betrieb A

Mindestabstand ; Anhand des bekannten Möhrenfliegen – Vorbefalls und der Tatsache, dass als größere Möhrenfliegenquelle nur die betriebseigenen Möhrenfelder in Betracht kamen,

Abschließende Diskussion und Schlussfolgerungen

konnte der deutliche geographische Zusammenhang zwischen Fliegenauftreten und Vorjahresflächen, als gerichteter Zuflug der Möhrenfliegen im Frühjahr gewertet werden. Die Distanz zu einer Vorjahresfläche stellte somit den wichtigsten Risikofaktor dar. Dabei zeigte sich die 1. Generation Fliegen in der Distanzüberwindung als anpassungsfähig. Fliegen und Befall fanden sich vermehrt im nächstgelegenen Möhrenfeld, unabhängig davon ob dieses in 20, 200 oder 500 Meter Entfernung von der Vorjahresfläche lag (Abbildung 13). Im Bestand schlüpfende spätere Generationen zeigten sich als standorttreu, solange Wirtspflanzen vorhanden waren. Waren die Möhren bereits geerntet, schienen Abwanderungen in spätere Felder über 600 m problemlos möglich. Die Daten zeigen, dass der Befall in über 1000 Metern Entfernung zur Vorjahresfläche kaum mehr von den Vorjahresflächen beeinflusst war. Diese Distanz kann als lokaler Mindestabstand definiert werden. Als Einschränkung gilt, dass wir nicht belegen können, dass sich Fliegen nicht auch > 1 km hinaus verbreitet hätten, wenn kein Möhrenfeld im Umkreis die 1. Generation gebunden hätte, weil diese Flächenkonstellation auf Betrieb A nicht vorkam. Das variable Flugverhalten erbrachte in Abhängigkeit von der nächstgelegenen Fläche jährliche „Nichtbefallslagen", in denen Felder vom Initialbefall verschont blieben und bis zur Ernte nur minimalen Befall entwickelten.

Zeitliche Koinzidenz : Der Betrieb baute jährlich sowohl frühe als auch späte Möhren an. Möhren, die bereits im Mai aufliefen und bis Mitte August und länger im Feld standen, zeigten bei Initialbefall der 1. Generation vermehrte Fliegenschäden – da sich auf Grundlage der ersten Generation eine größere Zweite im Bestand entwickelte. Gleiches galt für späte Sätze, die neben frühen gesät waren und vermutlich ein Überwandern der 2. bzw. der 3. Generation ermöglichten.

Struktur. Großräumig, d.h. in dem Radius zwischen vorjährigen und aktuellen Möhrenfeldern zeigten insbesondere die Kleinstrukturen (Hecken und Bäume) einen förderlichen Einfluss auf das Fliegenvorkommen. Die Ergebnisse der ANOVA zum Einfluss des Gesamtfläche holziger Vegetation (Wald, Hecken, Bäume) deuteten hingegen an, dass bei großen Distanzen (< 400 m) zu vorjährigen Möhrenflächen die Vegetation einen vermindernden Einfluss auf das Schädlingsvorkommen hat. Eine mögliche Interpretation dieses Ergebnisses ist, dass solche Strukturen auch eine Barrierefunktion haben können und

Abschließende Diskussion und Schlussfolgerungen

die Ausbreitung von Fliegen reduzieren. Dies böte eine weitere Erklärung für die ausgeprägten „Befalls-" und „Nichtbefallslagen" auf diesem Betrieb.

Der Betrieb lieferte sehr gute Vorraussetzungen für eine Untersuchung von Möhrenfliegenpopulationen unter Praxisbedingungen. Geographisch umgrenzt von einem Waldgebiet und keinen weiteren Möhren anbauenden Betrieben, konnten die Untersuchungsflächen als die deutliche Quelle des vermehrten Fliegenauftretens zugeordnet werden. Als Reaktion auf das Möhrenfliegenproblem strebt der Betrieb, in Erarbeitung mit einer landwirtschaftlichen Beratung, weiträumige Abstände zu vorjährigen Möhrenflächen an. Da die zur Verfügung stehenden Betriebsflächen begrenzt sind und Mindestabstände von ~ 1 km nicht in allen Jahren einzuhalten ist, ist die Nutzung eines Mindestabstandes beschränkt. Das Flächenmanagement einer strikten Trennung der Möhrensätze nach frühen und späten Sätzen, in Form separater Felder, könnte hier hilfreich sein. Mit den frühen Sätzen nahe den Vorjahresflächen würde die Fliegenpopulation vor Ort gebunden. Spätere Sätze bleiben weitgehend unbetroffen, wenn sie nach Mai auflaufen und separat von den Frühen Sätzen stehen. Auch der umgekehrte Fall ist denkbar: Die späten Sätze an die Vorjahresflächen und die frühen Sätze entfernt zu legen. Durch die lange Zuwanderung würde sich der Befall in den frühen Möhren reduzieren. Jedoch besteht die Gefahr, eine (u. U.) verspätete 1. Generation noch auf späte Möhren trifft, und dort in der 2. Generation starken Schaden anrichtet. Zudem ist zu bedenken, dass dann im Folgejahr alle Sätze als Fliegenquelle fungieren. Werden mehrere Felder mit frühen und späten Möhren angebaut, sollten diese jeweils (!) möglichst nah beieinander liegen, um nicht zu viele „Infektionsquellen" für das Folgejahr zu produzieren. Lässt sich die Möhrenfliege damit mittelfristig nicht kontrollieren, oder wird der ökonomische Druck zu groß, könnte der Betrieb gezwungen sein, sich auf den Anbau später Möhren zu beschränken. Eine weitere Option ist das regionale einjährige Aussetzen des Möhrenanbaus. Das Untersuchungsgebiet stellt eine durch einen Waldgürtel in sich geschlossene Anbauregion dar. Könnte sich der gesamte Möhrenanbau für ein Jahr auf Betriebsflächen außerhalb dieses Gebietes beschränken, sollte eine starke Dezimierung der Fliegenpopulation damit einhergehen. Dies erfordert jedoch eine entsprechende Flächenverfügbarkeit und geht mit einem zusätzlichen Aufwand (z.B. für Pacht oder Flächentausch) bzw. Einschränkungen (z.B. in der Bewässerung) einher.

7.1.2. Betrieb B

Mindestabstand: Möhrenfliegenschäden waren schwach ausgeprägt und stellten kein Vermarktungsproblem dar, obwohl der Betrieb seit ca. 10 Jahren räumlich nah und flächig Möhren anbaut. Im Untersuchungszeitraum wurde einzig in 2009 ein förderlicher Einfluss des A_{VJ} auf Fliegenvorkommen und Befall festgestellt.

Zeitliche Koinzidenz: Durch den schweren Boden sind Aussaat und folglich ein Auflaufen der Möhren im Frühjahr meist erst ab Ende Mai / Juni möglich. Nur vereinzelte Fliegen der ersten Generation Möhrenfliegen fanden dadurch eine Vermehrungsgrundlage. Möglicherweise ist dieser fehlende Initialbefall die Ursache, dass auch die zweite Generation zahlenmäßig gering blieb. Erst diese schwache zweite Generation hat die Möglichkeit sich in den Möhrenfeldern zu etablieren und unterstützt potentiell auch die 3. Generation. Wenn die 1. Generation Fliegen im Folgejahr jedoch keine Wirtspflanzen vorfindet, sollte ein Aufschaukeln der Fliegenzahlen ausbleiben – was als plausibelste Begründung für das geringe Schädlingsaufkommen angesehen werden muss.

Struktur: Aufgrund des geringen Fliegenaufkommens lassen sich die Ergebnisse zum Struktur- und Vegetationseinfluss nicht verlässlich interpretieren. Aufgrund des geringen Befallsdrucks dürfte die Vegetation (vorerst) eine untergeordnete Rolle beim Befallsrisiko spielen.

Ähnlich den Betrieben C und D könnte die Vermeidung der Möhrenfliegen auf einer beschränkten zeitlichen Überschneidung mit dem Möhrenanbau zu beruhen. Da die Möhrenfelder jedoch oftmals in unmittelbarer Nachbarschaft zu Vorjahresflächen lagen, bestand die mittelfristige Gefahr eines Anstiegs der Fliegenzahlen. Um dem vorzubeugen sollte der Betrieb insbesondere auf frühe Sätze verzichten. Frühe Sätze umfassen demnach Möhren, die schon Anfang Mai auflaufen. Als weitere Präventionsmöglichkeit und gegebenenfalls notwendige Maßnahme bei akuten Fliegenproblemen ist ein großer Abstand zu Vorjahresflächen bzw. aufgrund der arrondierten Flächen des Betriebes eine Trennung früher von späten Sätzen. Hier könnten sich die beiden „Hackfruchtfähigen Domänenbereiche", die durch den Verlauf einer Bundesstraße räumlich getrennt sind (pers. Mitteilung Joachim Keil 2007) als günstig erweisen, um frühe und späte Sätze zu separieren.

Abschließende Diskussion und Schlussfolgerungen

7.1.3. Betrieb C

Mindestabstand: Keines der untersuchten Möhrenfelder war in einem Versuchsjahr weiter als 500 m von einem Vorjahresfeld entfernt, dennoch sind Möhrenfliegenschäden nur in geringem Umfang aufgetreten. So konnte auch nur in 2008 ein befallsfördernder Einfluss des A_{VJ} nachgewiesen werden.

Zeitliche Koinzidenz: Durch den schwerpunktmäßigen Anbau früher Möhren kommt es jährlich zu einem Initialbefall der 1. Generation Fliegen. Durch die Ernten im Juli – August vermutlich jedoch zu einer Verminderung der 2. Generation Möhrenfliege. Vereinzelt länger stehende Möhren haben bisher keine wesentliche Vermehrung der Möhrenfliegenpopulation bewirkt.

Struktur: Lediglich in 2008, das Versuchjahr mit einem vergleichsweise hohen Fliegenaufkommen, konnte ein befallsfördernder Effekt der Kleingehölze (Hecken und Bäume) nachgewiesen werden. Dies verdeutlicht, dass die Vegetation erst dann zum bedeutsamen Risikofaktor wurde, als sich ein Befallsdruck bereits aufgebaut hatte.

Die Tatsache, dass der Betrieb seit 20 Jahren Möhren räumlich eng anbaut, ohne ein Fliegenproblem entwickelt zu haben, könnte an einem schwerpunktmäßigen Anbau früher Sätze liegen. Es kann jedoch nicht ausgeschlossen werden, dass weitere Faktoren, die nicht erhoben wurden, einen Befall nachhaltig unterdrücken. Beispielsweise stellt der stärker sandhaltige Boden (wie auch bei Betrieb D) ein potentiell trockeneres Mikroklima dar, dass insbesondere die Eimortalität der Möhrenfliegen erhöhen kann (Overbeck, 1978) und so dem latenten Risiko des Populationsaufbaus entgegenwirkt. Dennoch scheint es für die langfristige Prävention ratsam, den Möhrenanbau nicht weiter in den Herbst zu verlagern, sondern den Schwerpunkt auf frühen Möhren zu belassen.

7.1.4. Betrieb D

Mindestabstand: Da das Gesamtfliegenaufkommen und der Befall gering waren, konnte in den zwei Versuchsjahren kein Zusammenhang zwischen der Distanz zu Vorjahresflächen und dem Schädlingsaufkommen nachgewiesen werden.

Zeitliche Koinzidenz: Durch den schwerpunktmäßigen Anbau früher Sätze wurde die 1. Generation Möhrenfliege gefördert, die 2. Generation blieb jedoch zu einem Teil unvollständig, da mit Ernten vor August die sich entwickelnden Larven mit den Rübenkörpern abgeführt wurden.

Struktur: Die Strukturparameter (Kleingehölze, Wald und Ortschaften) sowie das Gesamtmaß für holzige Vegetation zeigten einen förderlichen Einfluss auf das Fliegenvorkommen, was jedoch aufgrund der allgemein niedrigen Fliegenzahlen vorsichtig gewertet werden sollte und zum jetzigen Zeitpunkt keinen ernsthaften Risikofaktor darstellt.

Der Betrieb hat in 2006 erstmals Möhren angebaut, was ebenfalls ein wichtiger Grund für das geringe Fliegenaufkommen darstellen kann. Durch den schwerpunktmäßigen Anbau früher Möhren könnte der Betrieb dem Aufbau einer Fliegenpopulation vorbeugen. Dennoch ist langfristig ein Befallsrisiko nicht auszuschließen, zumal vor Ort ein weiterer Landwirt (konventionelle) Möhren anbaut. Absprachen bezüglich der Flächenwahl scheinen auch hier sinnvoll, da alle Möhrenfelder eine potentielle Infektionsquelle im Folgejahr darstellen. Werden auf den betriebsfremden Möhrenflächen auch späte Sätze angebaut, sollten diese separat zu Feldern früher Sätze liegen, um so ein mittelfristiges Aufschaukeln der Fliegenpopulation zu vermeiden.

7.1.5. Betrieb E

Mindestabstand: Bei der räumlichen Auswertung zeigte sich, dass die Distanz und Fläche vorjähriger Möhrenfelder einen Einfluss auf den Befall haben. Der Befall korrelierte am besten mit der Anbaufläche im Umkreis von 1600 und 1200 Metern (2008, 2009) und die Fliegen erreichten in diesen Versuchjahren aus mehreren Richtungen die Felder. Dies kann darauf hinweisen, dass auch Distanzen von Vorjahresfläche in > 1 km Entfernung zurücklegt wurden, die Zuwanderung aber nicht zielgerichtet war. Eine weitere Erklärungsmöglichkeit wären unbekannte Fliegenquellen wie konventionelle Möhrenflächen benachbarter Landwirte, die bei den Kartierungen, trotz Abfahren der Umgebung und Befragung der Landwirte, übersehen worden sein könnten. Solche Mischanbaulagen mit konventioneller Möhrenpräsenz erschweren die Ermittlung bzw. den Nutzen eines lokalen Mindestabstandes deutlich.

Abschließende Diskussion und Schlussfolgerungen

Zeitliche Koinzidenz: Die Möhrenanbauperioden unterstützten langfristig sowohl die 1. als auch die 2. Generation Möhrenfliege (Anbau April bis mindestens September), was das jährliche Befallsrisiko aufrechterhielt. Wurden frühe und späte Sätze im selben Feld nebeneinander angebaut, führte vermutlich das Übersiedeln zwischen den Generationen zu besonders starker Befallsentwicklung in den späteren Sätzen.

Struktur: Die großräumigen Analysen zum Einfluss der Vegetation zeigten, dass der Wald in allen Versuchsjahren einen förderlichen Einfluss bei der Verbreitung der 1. Generation bzw. dem Befallsaufkommen hatte. In 2007 konnte beobachtet werden, dass Hecken am Möhrenfeld einen wichtigen Sammelpunkt (vermutlich Windschutz) für Möhrenfliegen bilden. Die Ortschaften schienen das lokale Befallspotential zu reduzieren. So besteht die Möglichkeit, dass die Möhrenfliegen durch Wind verdriftet wurden und über windgeschützte Umwege das aktuelle Feld erreichten. (Durchschnittliche Windgeschwindigkeit lag im Mai bei 3,8 m/s. Im Vergleich dazu Betrieb A: 1,6 m/s (2007-2009))

Aufgrund des vermehrten Möhrenfliegenaufkommens stellt die Lage der Vorjahresflächen den wichtigsten betrieblichen Risikofaktor dar. Jedoch war die Richtung des Fliegenzufluges weniger gut kalkulierbar als bei Betrieb A. Bei der jährlichen Flächenplanung ist daher eine Absprache mit weiteren Möhren anbauenden Betrieben in der Region ratsam, um eine Befallssituation einzuschätzen und Distanzen einzuplanen. Wie bei Betrieb A sollten frühe Sätze, die im Mai von der 1. Generation angeflogen werden, strikt von Sätzen getrennt werden, die erst nach Mitte August geerntet werden. Ist die räumliche Nähe zu einem vorjährigen Möhrenfeld unvermeidbar, könnten ausschließlich frühe Sätze an die Vorjahresfläche gelegt werden, um den Befall durch die 1. Generation dort zu binden. Der Befall weiter entfernter Flächen würde somit reduziert. Damit ist jedoch ein anspruchsvolles Management des frühen Feldes verbunden. Wenn die 2. Generation Fliegen im Juli erneut Eier ablegt, sollten die frühen Möhren noch nicht geerntet sein, um auch das Befallspotential der neuen Generation vor Ort zu binden. Die Ernte muss dann jedoch bis Anfang / Mitte August abgeschlossen sein, damit die Fraßschäden begrenzt sind und die Fliegenpopulation dezimiert wird, indem Larven mit dem Erntegut abtransportiert werden und die Entwicklung somit unvollständig bleibt (Siehe auch Betrieb A).

Ein Einsatz von Fangstreifen direkt auf der Vorjahresfläche sollte das Abwandern eines Teiles der Fliegen verhindern und Befallspotential binden. Es ist jedoch abzuwägen, ob der Nutzen von Installation, Pflege und Entfernung eines Fangstreifens dessen Nutzen überwiegt (Kapitel 6). Da gezeigt werden konnte, dass sich frühe Sätze, nahe der Vorjahresfläche, wie die untersuchten Fangstreifen verhalten und diese die 1. Generation Fliegen in höherer Zahl zu binden vermögen, ist dies eine interessante Synthese aus beiden Befunden. Ist eine zeitgerechte frühe Ernte möglich, ist diese Strategie ein effizienter, empfehlenswerter Baustein, z.B. auf leichteren Böden. Witterungsbedingte Verzögerungen (z.B. auf schweren Böden) brächten für diesen Ansatz dann allerdings ein erhebliches Risiko mit sich.

7.2. Das Ausbreitungsverhalten der Möhrenfliege & Strategien zur Vermeidung von Möhrenfliegenschäden

Bei der Verbreitung geflügelter Insekten kann man zwischen einer zufälligen Verdriftung, wie sie etwa bei vielen Blattlausarten geschieht, die vom Wind weite Strecken getragen werden, und einer gerichteten Migration unterscheiden. Letztere ist durch eine fortführende Bewegung in eine mehr oder weniger definierte Richtung gekennzeichnet, die durch das Tier selbst bestimmt wird (Williams 1958; Johnson 1969). Eine direkte Möglichkeit Distanzen zu messen, über die sich Insekten verbreiten, stellen so genannte „mark – release – recapture" Experimente dar (Russell et al., 2005), bei denen markierte Tiere an einem bekannten Ort ausgesetzt und in Fallen oder bei Transektläufen wieder gefangen werden. Für eine entsprechende Auswertung der Verteilung im Raum erfordern solche Experimente weiterhin eine gleichmäßige Verteilung von Fallen in einem adäquaten Umkreis vom Ausgangspunkt der Tiere, z.B. in Form eines „wagon wheel" (Van et al., 2000). „Mark – release – recapture" Experimente sind im Fall von Untersuchungen bei Möhrenfliegen nur einmalig dokumentiert (Städler, 1972). Solche Versuche gelten als schwer durchführbar, da sich eine Massenzucht der Tiere als problematisch erwiesen hat (Bohlen, 1967; Finch & Collier, 2004) und das Monitoring der adulten Tiere mit Gelbfallen zudem nur bei gleichzeitiger Wirtspflanzenanwesenheit möglich ist.

7.2.1. Schlagseparierung bei Möhrensätzen als wichtigster Regulierungsbaustein

Die Ergebnisse der Studie haben deutlich gemacht, dass bestimmte Risikofaktoren erst bei akutem Befallsdruck zum Tragen kommen. Hier waren die vorjährigen Möhrenflächen als bedeutsamster Risikofaktoren zu nennen. Je näher eine Vorjahresfläche lag, desto größer war das Befallsrisiko. Im Fall von bereits bestehenden Möhrenfliegenproblemen stellt sich bei Praktikern daher die Frage nach einem generellen Mindestabstand zu Vorjahresflächen, bei dessen Einhaltung kein übermäßiger Befall mehr zu erwarten und der Fangstreifeneinsatz gleichbedeutend überflüssig ist. Die Ergebnisse der vorliegenden Untersuchungen haben gezeigt, dass insbesondere Anbaulagen im Umkreis von 1 km um Vorjahresflächen als gefährdet eingestuft werden müssen. Eine polnische Studie empfahl ebenfalls einen Mindestabstand zu vorjährigen Feldern von 1000 Metern (Legutowska, 1988), jedoch ohne detaillierte empirische Nachweise. In vorangegangenen Studien wurde auf einen geographischen Zusammenhang zwischen Fliegenquelle und Befallsausmaß hingewiesen (Coaker & Hartley, 1988; Collier, 2009) und die Wanderungsgeschwindigkeit der Möhrenfliege mit ca. 100 Metern pro Tag berechnet (Finch & Collier, 2004). Diese und weitere Studien erhärten auch theoretische Überlegungen, nach denen von einer vorrangigen Verbreitung der ersten Generation Fliegen innerhalb eines Kilometers ausgegangen werden kann (Kapitel 3.5). Da jedoch, insbesondere auf arrondierten Betriebsflächen, die Flächenwahl eingeschränkt ist, scheint die Angabe eines solchen Abstandes für solche Betriebe nur von begrenztem Nutzen.

Vor diesem Hintergrund ist es als ein wichtigeres Ergebnis zu betrachten, dass sich das Ausbreitungsverhalten der Möhrenfliege im Frühjahr als sehr variabel gezeigt hat.

Die Distanz, über die die Fliegen wanderten schien vor allem durch das Wirtspflanzenangebot bestimmt zu sein. Dies lässt es wahrscheinlich sein, dass Distanzen, über die sich Möhrenfliegen im Frühjahr verbreiten, entsprechend des regionalen Möhrenangebotes variieren. Da im Rahmen der vorliegenden Versuche vermehrt Befall in den zu Vorjahresflächen nächstgelegenen Möhrenfeldern gefunden wurde, produzierte dies „Nichtbefallslagen", in denen der durchschnittliche Möhrenfliegenbefall bei ~ 5 % lag. Diese Nichtbefallslagen innerhalb von Regionen mit einer erhöhten Möhrenfliegenpopulation glichen somit den Betrieben, wo das dokumentierte Fliegenvorkommen und der Befall lediglich auf eine kleine Population im Hintergrund zurückgeführt wurden (Betrieb B, C und D). Ist die

Abschließende Diskussion und Schlussfolgerungen

Flächenwahl eingeschränkt, aber die Fliegenquelle bekannt, bietet dieses dokumentierte Muster Ansatzpunkte, vergleichbar zum Fangstreifen Ansatz, die Ausbreitung der Möhrenfliegen im Frühjahr zu manipulieren. So könnte über eine entsprechende Flächenwahl die erste Generation Fliegen auf ein Feld früher Möhren konzentriert werden, um sensiblere spätere Sätze in risikoreduzierte Nichtbefallslagen zu legen. Während Fangstreifen nur zur Befallsreduktion in frühen Sätzen sinnvoll eingesetzt werden können, würden durch die beschriebene Flächenplatzierung späte Sätze geschützt. Zudem ist es wahrscheinlich, dass ganze Felder eine größere Attraktivität und Bindekraft für Möhrenfliegen darstellen als vier Dämme breite Fangstreifen und entsprechend besser die Abwanderung der Fliegen in weitere Felder reduzieren. Jedoch wird mit der räumlichen Konzentration der Fliegen auf frühe Sätze keine Unterdrückung der Entwicklung erwirkt und entsprechend entsteht dort ein (in der Regel zahlreichere) zweite Generation. Das Befallspotential dieser zweiten Generation stellt einen entscheidenden Risikofaktor bei einer solchen Vorgehensweise dar, Möhrenfliegen über die Flächenlegung zu kontrollieren. Und der erfolgreiche Umgang mit diesen Fliegen wird vermutlich über die Anwendbarkeit eines solchen Konzeptes in der Praxis entscheiden. Gelänge es, auch die zweite Generation an die frühen Möhren zu binden, die Möhren jedoch zu ernten, bevor die Larven einen deutlichen Schaden verursachen, wäre der weiteren Ausbreitung der Möhrenfliegen vorgebeugt und mit der Ernte würde auch das Befallspotential abgeführt werden. Dies setzt jedoch voraus, dass der Fliegenflug der zweiten Generation vor der Möhrenernte weitestgehend abgeschlossen ist. Der bonitierte Larvenfraß der zweiten Generation stieg im Untersuchungszeitraum im Verlauf des August stark an. Der Flug der Möhrenfliege war häufig „verzettelt", allerdings mit Höhepunkten von Ende Juli bis Mitte August (Abbildung 9). Dieses zeitliche Zusammenspiel von Möhren- und Schädlingsentwicklung hat ein verhältnismäßig kurzes Zeitfenster zur Folge, innerhalb dem die Bindung der zweiten Generation an den frühen Sätzen stattzufinden hätte. Die Erfolgsaussichten eines solchen Verfahrens hängen primär von der einzelbetrieblichen (passenden oder unpassenden) Möhrensaison ab und wären auf leichten Böden risikoärmer als auf schweren.

In Anbaugebieten mit einer erhöhten Fliegenpopulation muss damit gerechnet werden, dass alle Möhrenflächen im Folgejahr als Möhrenfliegenquelle fungieren. In solchen

Abschließende Diskussion und Schlussfolgerungen

Risikogebieten scheint es ratsam Felder mit jeweils frühen und späten Sätzen (sofern mehrere vorhanden sind) räumlich zu gruppieren, um sich Ausweichoptionen für das nächste Jahr zu bewahren. Bei dieser Einteilung entsprechen „frühe Möhren" jenen, die die erste Generation Möhrenfliegen unterstützen (Auflauf der Möhren bis ~Mitte Mai) und „späte Möhren" jenen Sätzen, in denen sich die zweite Generation Larven bis zur L3 entwickelt (alle Möhren, die bis mindestens Anfang August stehen, Kapitel 4). In jedem Fall müssen Felder vermieden werden, in denen solche frühen direkt neben späten Möhren wachsen, da das Überwandern der Fliegen zu starken Befall in den späten Sätzen führt.

Die Flächenlegung sowie die Aufteilung der Möhrensätze nach ihrer Koinzidenz mit den Schädlingsgenerationen sollte eine übergeordnete Stellung in der Möhrenfliegenprävention einnehmen. Die gezielte Aufteilung von Sätzen und Flächen kann die Absprache mit weiteren Möhren anbauenden Betrieben im Einzugsgebiet erfordern, um Möhrenfliegenquellen und die Ausbreitung der Tiere zu kontrollieren.

7.2.2. Noternteszenario

Eine aktive Unterdrückung der Möhrenfliegenentwicklung wie bei der mechanischen Zerstörung der Wirtspflanzen im Fangstreifen lässt sich auch auf die Haupterwerbsflächen anwenden. Ist der Befallsdruck besonders hoch und verschärfen Hecken oder eine hohe Randvegetation am Möhrenfeld das Risiko, könnte eine vorgezogene Ernte stark befallener (Rand-)parzellen sinnvoll sein, um eine Befallszunahme im Feldinneren durch die zweite Generation abzuwenden. Demnach müssten stark befallene Randbereiche früher Sätze bis Anfang Juni geerntet sein (vergleichbar den Fangstreifen), um sowohl das aktuelle Befallsausmaß als auch das Fliegenaufkommen im Folgejahr zu begrenzen. Wenn die zweite Generation bereits im Bestand geschlüpft ist, können Schäden auch im Feldinnern zu einem verstärkten Befall führen. Bis ca. Anfang August beziehungsweise innerhalb der ersten drei bis vier Wochen nach erstem Fliegennachweis sind die Möhren trotz Befall noch vermarktungsfähig, was sich in den folgenden Wochen ändert. Bei sehr starken Befallsdruck ist eine vorgezogene Ernte bis Mitte August für nahezu ausgereifte Sätze zu überdenken, da in der Folgezeit Einbußen in der Qualität / im Erlös anstehen. Zudem würde das zukünftige

Abschließende Diskussion und Schlussfolgerungen

Befallspotential mitsamt den Larven in den Möhren entsorgt. Diese vergleichsweise drastische Maßnahme würde zwar Ertragsverluste mit sich bringen oder die Organisation von Abnehmern (unausgereifter) Möhren (z.B. Bio-Brotbox-Aktion, Saft), kann dafür aber der Kernparzelle des jeweiligen Feldes einen Ertragsvorteil geben. Ein bloßes Untergrubbern reicht in diesem Fall nicht. Die Möhrenkörper müssen vollständig entfernt werden, um eine Weiterentwicklung der Larven zu vermeiden.

Für solche Maßnahmen ist ein begleitendes Fliegenmonitoring unentbehrlich, um über zeitliche Informationen zum Fliegendruck am Feld zu verfügen. Die zusätzliche Nutzung des Simulationsmodell SWAT kann hilfreiche Informationen zum Einschätzen der Fliegenentwicklung liefern, erfordert jedoch die Verfügbarkeit langjähriger regionaler Klimadaten und eine gewisse Übung im Umgang mit der Software. Wie verlässlich SWAT die Fliegenentwicklung simuliert hängt einerseits von der Güte der Klimadaten ab, andererseits von weiteren lokalen Faktoren, die zu einer Diskrepanz mit dem Modell führen können. Erfahrungswerte im Rahmen der vorliegenden Untersuchungen deuteten an, dass das simulierte Auftreten der 1. Generation Möhrenfliege häufig besser mit Gelbtafelfängen übereinstimmte als das der 2. Generation (Abbildung 5), so dass SWAT insbesondere für experimentelle Fragestellungen zur 1. Generation interessant ist. Im Fangstreifeneinsatz bietet SWAT jedoch keinen Ersatz für das Fliegenmonitoring mit Gelbtafeln, da es keinen Aufschluss darüber gibt, ob überhaupt Fliegen vorhanden sind und wie hoch der Befallsdruck ist. Der zeitliche Aufwand für eine Einarbeitung in SWAT und die Restunsicherheit bei der Ergebnisinterpretation dürften für die einzelnen Betriebsleiter und Betriebsleiterinnen eine zu große Hürde darstellen, das Programm in betriebliche Pflanzenschutzmaßnahmen aufzunehmen.

Ergebnisse zum Einfluss der großräumigen Vegetation lieferten kein einheitliches Bild. Für die unmittelbare Befallswahrscheinlichkeit wird die Randvegetation direkt am Möhrenfeld als der bedeutsamere Risikofaktor beurteilt. Es kann jedoch nicht ausgeschlossen werden, dass strukturgebende Landschaftselemente wie Hecken eine Ausbreitung der Fliegen unterstützen. Hier müssten weitere Untersuchungen abklären, ob der Einfluss der Vegetation sowohl einer Förderung als auch Barrierewirkung auf Möhrenfliegen entsprechen kann. Um die Fliegenpopulation generell möglichst gering zu halten, sollte zusätzlich auf die Feldhygiene geachtet werden. Eine unnötige Puppenentwicklung lässt sich vermeiden, indem bei einer Ernte vor September das Ausmaß an Rodeverlusten und überständigen Partien möglichst gering gehalten wird, damit sich möglichst wenige Larven in den im Boden verbleibenden Möhren weiterentwickeln. Um solche Rodeverluste zu vermeiden ist insbesondere auch die Laubgesundheit von Bedeutung, damit der Klemmbandroder alle Möhren erreicht.

7.2.3. Zielkonflikte einer wirtschaftlichen Möhrenfliegenprävention

Während der Untersuchungen im Praxiskontext haben sich jedoch auch Zielkonflikte zwischen einzelnen Maßnahmen der Möhrenfliegenprävention und mit weiteren Regulierungsbausteinen des ökologischen Pflanzenschutzes gezeigt:

1) Schlaggröße

Im Rahmen einer Möhrenfliegenprävention lautet eine weitere Empfehlung, dem Möhrenanbau auf großen Schlägen den Vorrang zu geben, um das Verhältnis der stärker befallenen Randfläche zur schwach befallenen Kernparzelle zu optimieren. Im großflächigen ökologischen Feldgemüsebau sind häufig Möhrenschläge von 10 ha und mehr anzutreffen. Auf Möhrenfeldern dieser Größe wird jedoch, insbesondere bei Frischmarktmöhren, in mehreren Sätzen angebaut. Dies steht gleichwohl im Widerspruch mit der Empfehlung, frühe und späte Sätze räumlich zu trennen, um einen Anstieg des Befallsdruck von der ersten zur zweiten Generation Möhrenfliege zu verhindern.

2) Vegetation

Auf der Feldebene fördert eine hohe Randvegetation bei bestehendem Fliegendruck das Befallsrisiko in angrenzenden Möhrenfeldrändern. Zur Zeit der Eiablage der 1. Generation im Mai und der 2. Generation im Juli und August sollten Feldränder und Wegraine somit nach Möglichkeit kurz gehalten werden, da sich die Tiere dort zum Schutz vor Trockenheit tagsüber sammeln. Eine solch niedrige Vegetation und frühe Mahd stehen jedoch in einem Zielkonflikt mit einem betrieblichen Bestreben der Nützlingsförderung im Ökologischen Landbau, z.B. durch Blühstreifen im Vorgewende oder weiterer angrenzender Saumbiotope und der naturschutzfachlichen Empfehlungen einer späten Mahd solcher Biotope (Fuchs & Stein-

Bachinger, 2010). Auf der Landschaftsebene konnte ein direkter Zusammenhang zwischen holziger Vegetation im Umkreis und einem vermehrten Möhrenfliegenauftreten am Feld nicht eindeutig nachgewiesen werden, ist jedoch auch nicht auszuschließen. In Bezug auf einen Ökologischen Pflanzenschutz können Hecken aber auch Barrieren darstellen und so die Verbreitung von Schädlingen unterdrücken sowie Gegenspieler fördern (Bhar & Fahrig, 1998). Die vorliegenden Ergebnisse unterstützen die Ansicht, dass das regionale Aufkommen an Gehölzen ein zweitrangiger Risikofaktor ist und sich die Aufmerksamkeit auf die Vermeidung direkt angrenzender kritischer Vegetation richten sollte.

Jede zusätzliche Maßnahme, die ein Betrieb im Rahmen einer Schädlingsvorsorge durchführt, etwa in der Form eines Monitorings der Zielschädlinge oder einer vorgezogenen Ernte, bedarf einer wirtschaftlichen Abwägung. Materialkosten, Arbeitszeit, eine eventuelle Umorganisation von Betriebsabläufen und Ertragseinbußen können Kosten verursachen, die durch einen verminderten Befall mitunter nicht kompensiert werden. Die hier diskutierten Ergebnisse sind daher vor diesem Hintergrund zu betrachten und können nur Empfehlungen darstellen, die einzelbetrieblich geprüft werden müssen. Da ein Betrieb in der Regel weiß, ob er von einem Möhrenfliegenproblem betroffen ist, kann ein betriebseigenes Monitoring von Möhrenfliegen überflüssig sein, wenn der überregionale Warndienst ausreichende Informationen für etwaige Maßnahmen liefert (und kein Fangstreifeneinsatz geplant ist). Einer einzelbetrieblich abgestimmten Möhrenfliegenregulation mit Hilfe der Flächenwahl und in Kombination mit angepassten Saat- und Ernteterminen wird ein großes Potential in der ökologischen Möhrenfliegenregulation eingeräumt. Eine erforderliche Flächenverfügbarkeit vorausgesetzt, ist der finanzielle Aufwand solcher Maßnahmen vergleichsweise gering.

8. Zusammenfassung

Durch die vermehrte Nachfrage von Biomöhren im Lebensmitteleinzelhandel ist die Anbaufläche ökologisch erzeugter Möhren in den letzten zehn Jahren deutlich angestiegen. Der Anbau konzentriert sich auf bestimmte Regionen und erfolgte damit zunehmend auf großen Schlägen in enger räumlicher und zeitlicher Abfolge. Mit der steigenden Wirtspflanzenpräsenz steigt auch der Befallsdruck durch die Möhrenfliege. Während der Schädling im konventionellen Anbau mit Insektiziden kontrolliert wird, stehen dem Ökologischen Landbau bisher keine direkten Regulative zur Verfügung. Ziel der Untersuchungen war es, unter den Praxisbedingungen des ökologischen Möhrenanbaus einzelbetriebliche und überregionale Muster beteiligter Risikofaktoren im Befallsgeschehen zu identifizieren und so Möglichkeiten einer verbesserten Prävention und Regulation aufzuzeigen. Über einen Zeitraum von drei Jahren wurden auf fünf Betrieben in Niedersachsen und Hessen umfangreiche Felddaten erhoben und diese unter Verwendung von GIS - Software und dem Simulationsmodell SWAT analysiert. Untersuchte Einflussgrößen umfassten (1) die Distanz zu vorjährigen Möhrenfeldern, (2) die zeitliche Möhrenanbauperiode, (3) Vegetationselemente und (4) der experimentelle Einsatz von Fangpflanzen zur Unterdrückung der Fliegenentwicklung. Unter der Berücksichtigung deutlicher einzelbetrieblicher Unterschiede sind die wichtigsten Ergebnisse der Studie wie folgt zu benennen:

- (1) Auf Betrieben mit Befall im zurückliegenden Anbaujahr zeigte sich die Distanz zu vorjährigen Möhrenfeldern als der wichtigste Risikofaktor. Das Ausbreitungsverhalten der 1. Generation Möhrenfliege erwies sich zudem als situationsgebunden anpassungsfähig. Fliegensumme und Befall waren jeweils in dem zu Vorjahresflächen nächstgelegen Feld am größten, während jeweils dahinter liegende Möhrenschläge entsprechend weniger Fliegenzahlen und Befall auswiesen. Aus den Ergebnissen wird als vorrangige Verbreitungskapazität der 1. Generation Möhrenfliegen innerhalb von 1000 m abgeleitet.

- (2) Betriebe mit kontinuierlicher Möhren - Anbaubauperiode (ca. April - Oktober), die langfristig die Entwicklung sowohl der 1. als auch der 2. Generation Fliegen unterstützten, verzeichneten stärkere Fliegenprobleme. Hinsichtlich einer verbesserten Prävention wird

Zusammenfassung

empfohlen mit einer strikten räumlichen Trennung früher und später Sätze ein Aufschaukeln zwischen den Generationen zu vermeiden.

- (3) Der Einfluss der Vegetation ließ sich weniger eindeutig interpretieren. Einzelbetriebliche Hinweise, dass Kleingehölze (Hecken und Bäume) im Radius zwischen aktueller und vorjähriger Möhrenfläche die Befallswahrscheinlichkeit erhöhen, konnten mit einem berechneten Gesamtmaß für die regionale holzige Vegetation nicht bestätigt werden. Der großräumigen holzigen Vegetation wird im Vergleich zur Feldrandvegetation daher beim Befallsgeschehen eine geringe Bedeutung zugeschrieben.

- (4) Drei Meter (vier Dämme) breiter Möhren – Fangstreifen auf den vorjährigen Möhrenfeldern eignen sich bereits ab dem Keimblattstadium, um erhebliches Befallspotential zu binden. Eine mechanische Entfernung der Fangpflanzen (Grubbern) mitsamt dem Befallspotential erzielte in 2008 eine 100 %-ige Unterdrückung der Möhrenfliegenentwicklung, in 2009 jedoch nur zu maximal 41 %.

- Als mögliche Synthese der Ergebnisse zur Ausbreitung der Möhrenfliegen im Frühjahr und zur zeitlichen Koinzidenz mit der Möhrenentwicklung wird als Empfehlung diskutiert, mit Hilfe einer angepassten Flächenwahl die Fliegenausbreitung räumlich an frühen Sätzen zu binden, um entsprechend befallsarme Regionen für entfernt liegende späte (empfindlichere) Möhrensätze zu schaffen.

9. Summary

Due to an increasing demand for organically produced carrots in the german food retail sector organic carrot acreage rose considerably within the last ten years. As cultivation is often aggregated in specific regions the field sizes grew consequently in their spacial and temporal scale, increasing also the risk of carrot fly damages in carrots. Whereas conventional farms usually apply insecticides for controlling the pest, in organic agriculture direct control options are not available at present. In order to analyse infestation risk factors and conclude preventive strategies against carrot fly attack, five organic farms were studied during 2007 and 2009 in Lower Saxony and Hesse, Germany, combining GIS - & SWAT simulation model software with intensive field surveys. Studied influencing variables were (1) distances to previous carrot fields (2) the period of crop growth, (3) elements of perennial vegetation and (4) the experimental use of trap crops (carrots) to manipulate fly development in spring. Allowing for farm-specific differences the following results may provide a basis for improved preventive and regulative approaches in controlling the carrot fly in organic carrots:

- Previous year carrot fields were identified to be the most important risk factor where a local carrot fly population was increased. Dispersal behaviour of the first generation carrot flies proved to be highly adaptive with an increased number of flies and damage in the nearest carrot field, while fields located behind were discriminated. The presented results from on farm studies indicate an annual dispersal of carrot flies within ~ 300 - 1000 m, which is in line with small scale experimental data from literature.

- A spatiotemporal analysis on a farm scale suggested farms experiencing greater carrot fly problems when growing carrots from April until Oktober, supporting two fly generations anually. It is suggested to spatially separate early and late varieties in order to prevent carrot fly population built up.

- The analysis of perennial vegetation on a landscape scale did not reveal a uniform influence on pest incidence. Hedgerows and trees enhanced fly abundance and larval damage significantly on some farms only. Whereas perennial vegetation as a total could not prove such an influence on carrot flies. It is concluded, that in terms of vegetation and risk

Summary

avoidance, annual field border vegetation is an equally or even more important damage driving factor in carrot fly attack than perennial vegetation structure.

- Three metres wide (four rows) strips of trap crops (carrots), located on the previous year carrot fields, proved to be highly attractive (seedlings as well as a month old carrots) to manipulate fly dispersal. Mechanical elimination of the trap crop aiming at the suppression of 2nd generation fly emergence was 100 % in 2008 but only up to 41 % in 2009. Overall the results indicate that trap cropping carrots should be sown mid of April and be removed about end of Mai, according to local fly abundance. The program shouldbe accompanied with a fly monitoring with yellow sticky traps.

- Likewise as a preventive approach against the carrot fly a strict crop spacing scheme is discussed using early carrot varieties to manipulate and bind 1st generation carrot flies dispersal and consequently place late carrots (lifted later than Mid-August) in greater distance to strictly separate these from early crops.

10. Literaturverzeichnis

Altieri MA, Letourneau DK & Risch SJ (1984) Vegetation diversity and insect pest outbreaks. Critical Reviews in Plant Sciences 2:131-169.

Backhaus K, Erichson B, Plinke W, Schuchard-Ficher C & Weiber R (2003) Multivariate Analysemethoden. Springer, Berlin.

Baker FT, Ketteringham IE, Bray SPV & White JH (1942) Observations on the Biology of the Carrot Fly (psila Rosae Fab.): Assembling and Oviposition. Annals of Applied Biology 29:115-125.

Baskent EZ (1999) Controlling spatial structure of forested landscapes: a case study towards landscape management. Landscape Ecology 14:83-97.

Baur R, Sauer C, Krauss J & Keller M (2009) Carrot fly (Psila rosae) control in Switzerland current strategies and prospective developments. EPPO/OEPP Bulletin 39:134-137.

Berenbaum MR (1990) Evolution of Specialization in Insect-Umbellifer Associations. Annual Review of Entomology 35:319-343.

Beyer HL (2009) Hawth's analysis tools for ArcGIS [online]. Hawthorne Beyer, https://www.spatialecology.com/htools.

Bhar R & Fahrig L (1998) Local vs. landscape effects of woody field borders as barriers to crop pest movement. Conservation Ecology [online] 2:http://www.ecologyandsociety.org/vol2/iss2/art3/.

BMELV (2005) Bundesministerium für Verbraucherschutz, Ernährung und Landwirtschaft: Reduktionsprogramm chemischer Pflanzenschutz. Bundesministerium für Verbraucherschutz, Ernährung und Landwirtschaft, Berlin.

Bohlen E (1967) Untersuchungen zum Verhalten der Möhrenfliege, Psila rosae Fab. (Dipt. Psilidae), im Eiablagefunktionskreis. Zeitschrift für Angewandte Entomologie 59:325-360.

Börner H (2009) Pflanzenkrankheiten und Pflanzenschutz. Springer, Berlin.

Bouvard D, Lhote J-M, Ravon R, Massias T & Poissonnier J (2006) Mouche de la carotte, piegeage des adultes et validation du modele SWAT. ACPEL [online]:http://acpel.pagesperso-orange.fr/Documents_2006/Mouche_Carotte_2006.pdf.

Brunel E & Blot Y (1975) Role de la couverture végétale sur les captures de Psila rosae Fabr.(Diptère, Psilidés) au moyen de piège jaune. Sciences Agronomique Rennes 1975:91-96.

Literaturverzeichnis

Buck H (2006) Möhrenfliege und Möhrenminierfliege - ein zunehmendes Problem im intensiven ökologischen Möhrenanbau. Gemüse:352-354.

Buck H (2009) Entwicklungen bei Frischmarktmöhren,(unveröffentlichter Vortrag). 11.03.2009, Fachtag Möhre, Ökoring Niedersachsen e.V.

Burn AJ (1982) The role of predator searching effiency in carrot fly egg loss. Annals of Applied Biology 101:154 - 159.

BVL (2011) PSM-Liste. Bundesamt für Verbraucherschutz und Lebensmittelsicherheit [online]:https://portal.bvl.bund.de/psm/jsp/ListeMain.jsp?page=1&ts=129572310252 5.

Chaplin-Kramer (2009) Determining habitat requirements for natural enemies of crop pests. OFRF, UC Berkeley.

Coaker TH & Hartley DR (1988) Pest management of Psila rosae on carrot crops in the eastern region of England. Bulletin SROP 11:40-52.

Cole RA, Phelps K, Ellis PR & Hardman JA (1987) The effects of time of sowing and harvest on carrot biochemistry and the resistance of carrots to carrot fly. Annals of Applied Biology 110:135-143.

Cole RA, Phelps K, Ellis PR, Hardman JA & Rollason SA (1988) Further studies relating chlorogenic acid concentration in carrots to carrot fly damage. Annals of Applied Biology 112:13-18.

Collier R (2009) Review of carrot fly control in Northern Europe 2009. EPPO/OEPP Bulletin 39:116-120.

Collier RH & Finch S (1996) Field and laboratory studies on the effects of temperature on the development of the carrot fly (Psila rosae F.). Annals of Applied Biology 128:1-11.

Collier R & Finch S (2009) A review of research to address carrot fly (Psila rosae) control in the UK. EPPO/OEPP Bulletin 39:121-127.

Conradt L, Bodsworth EJ, Roper TJ & Thomas CD (2000) Non-random dispersal in the butterfly Maniola jurtina: implications for metapopulation models. Proceedings of the Royal Society. Series B: Biological Sciences 267:1505-1510.

Corder GW & Foreman DI (2009) Nonparametric statistics for non-statisticians: a step-by-step approach. John Wiley and Sons, New Jersey.

Crüger G, Backhaus G, Hommes M, Smolka S & Vetten H (2002) Pflanzenschutz im Gemüsebau. Ulmer, Stuttgart.

Dabrowski ZT & Legutowska H (1976) The effect of field location and cultural practices on carrot infestation by the carrot fly, Psila rosae (F.). Wiadomoscience Ekologiczne 22:265-277.

Degen T, Städler E & Ellis PR (1999) Host-plant susceptibility to the carrot fly, Psila rosae. 3. The role of oviposition preferences and larval performance. Annals of Applied Biology 134:27-34.

Dufault CP & Coaker TH (1987) Biology and control of the carrot fly, Psila rosae (F.). Agricultural Zoology Reviews 2:97-134.

Eilenberg J (1987) Abnormal egg-laying behaviour of female carrot flies (Psila rosae) induced by the fungus Entomophthora muscae. Entomologia Experimentalis et Applicata 43:61-65.

Eilenberg J & Philipsen H (1988) The occurrence of Entomophthorales on the carrot fly [Psila rosae F.] in the field during two successive seasons. BioControl 33:135-144.

Ellis PR (1999) The Identification and Exploitation of Resistance in Carrots and Wild Umbelliferae to the Carrot Fly, Psila rosae (F.). Integrated Pest Management Reviews 4:259-268.

Ellis PR, Freeman GH, Dowker BD, Hardman JA & Kingswell G (1987) The influence of plant density and position in field trials designed to evaluate the resistance of carrots to carrot fly (Psila rosae) attack. Annals of Applied Biology 111:21-31.

Ellis PR, Hardman JA, Cole RA & Phelps K (1987) The complementary effects of plant resistance and the choice of sowing and harvest times in reducing carrot fly (Psila rosae) damage to carrots. Annals of Applied Biology 111:415-424.

Ellis PR, Saw PL & Crowther TC (1991) Development of carrot inbreds with resistance to carrot fly using a single seed descent programme. Annals of Applied Biology 119:349-357.

Ester A & Rozen K van (2009) State of the art regarding carrot fly control in practice and possibilities in the future for Western and Northern Europe. EPPO Bulletin 39:138-142.

Fabricius JC (1794) Entomologia systematica emendata et aucta. Secundum classes, ordines, genera, species, adjectis synonimis, locis observationibus, descriptionibus. C.G. Proft, Fil. et Soc., Hafniae.

Farina A (2000) The cultural landscape as a model for the integration of ecology and economics. Bioscience 50:313-320.

Farina A (2006) Principles and methods in landscape ecology: toward a science of landscape. Kluwer Academic Pub, Dortrecht.

Field AP (2009) Discovering statistics using SPSS. SAGE publications Ltd, London.

Finch S & Collier RH (2000) Host-plant selection by insects – a theory based on 'appropriate/inappropriate landings' by pest insects of cruciferous plants. Entomologia Experimentalis et Applicata 96:91-102.

Finch S & Collier RH (2004) A simple method based on the carrot fly for studying the movement of pest insects. Entomologia Experimentalis et Applicata 110:201-205.

Finch S, Freuler J & Collier RH (1999) Monitoring Populations of the Carrot Fly Psila rosae. IOBC/WPRS.

Fleck M, Sikora F, Rohmund C, Gränzdörffer M, von Fragstein P & Heß J (2002) Samenfeste Sorten oder Hybriden – Untersuchungen an Speisemöhren aus einem Anbauvergleich an zwei Standorten des Ökologischen Landbaus. Deutsche Gesellschaft für Qualitätsforschung (Pflanzliche Nahrungsmittel) e.V. XXXVII. Vortragstagung, Hannover.

Forman RTT (1995) Land mosaics: the ecology of landscapes and regions. Cambridge University Press, Cambridge.

Fredec (2009) Piègeage et modélisation pour optimiser la lutte contre la mouche de la carotte [online]. Fédération régionale de défense contre les Organismes nuisibles des cultures:http://www.fredec-mp.com/joomla/ppenv/fiche_mouche_carotte.pdf.

Fuchs S & Stein-Bachinger K (2010) Naturschutz im Ökolandbau. Bioland Verlag, Mainz.

Funke W (1971) Food and energy turnover of leaf-eating insects and their influence on primary production. Ecological studies 2:1-93.

Gebelein D, Hommes M & Otto M (2004) SWAT: Ein Simulationsmodell für Kleine Kohlfliege, Möhrenfliege und Zwiebelfliege. Julius Kühn-Institut, Bundesforschungsinstitut für Kulturpflanzen, Institut für Pflanzenschutz in Gartenbau und Forst [online]:http://www.jki.bund.de/fileadmin/dam_uploads/_GF/swat/Programmbeschreibung%20SWAT.pdf.

Grez AA & Prado E (2000) Effect of plant patch shape and surrounding vegetation on the dynamics of predatory coccinellids and their prey Brevicoryne brassicae (Hemiptera: Aphididae). Environmental Entomology 29:1244-1250.

Groot TVM, Everaarts TC & Loosjes M (2009) Supervised control of the carrot fly in the Netherlands; insights from a dirty dataset. EPPO/OEPP Bulletin 39:128-133.

Guerin PM & Ryan MF (1984) Relationship between root volatiles of some carrot cultivars and their resistance to the carrot fly, Psila rosae. Entomologia experimentalis et Applicata 36:217-224.

Guerin PM, Städler E & Buser HR (1983) Identification of host plant attractants for the carrot fly,Psila rosae. Journal of Chemical Ecology 9:843-861.

Literaturverzeichnis

Guerin PM & Visser JH (1980) Electroantennogram responses of the carrot fly, *Psila rosae*, to volatile plant components. Physiological Entomology 5:111-119.

Haines-Young R & Chopping M (1996) Quantifying landscape structure: a review of landscape indices and their application to forested landscapes. Progress in Physical Geography 20:418-445.

Hardman JA & Ellis PR (1982) An investigation of the host range of the carrot fly. Annals of Applied Biology 100:1-9.

Henderson W (1814) A preventive against the worms infesting the roots of carrots in light early soils. Memoirs of the Caledonian Horticultural Society 1:200-201.

Herrmann F, Buck H & Saucke, H (2008) Möhrenfliegenschäden vermeiden.

Hill DS (1987) Agricultural insect pests of temperate regions and their control. Cambridge University Press, Cambridge.

Hokkanen HMT (1991) Trap Cropping in Pest Management. Annual Review of Entomology 36:119-138.

Holland J & Fahrig L (2000) Effect of woody borders on insect density and diversity in crop fields: a landscape-scale analysis. Agriculture, Ecosystems & Environment 78:115-122.

Hommes M (2009) Carrot Fly Control in Germany. Ad hoc EPPO Workshop on Carrot Fly (Psila rosae):http://archives.eppo.org/MEETINGS/2009_conferences/carrot_fly/Carrot_Fly_Br ochure.pdf.

Hommes M, Müller-Pietralla W & Gebelein D (1993) Simulationsmodelle für Gemüsefliegen-Entscheidungshilfen für Beratung und Anbau. Mitteilungen aus der Biologischen Bundesanstalt für Land-und Forstwirtschaft, Berlin-Dahlem 289:111-121.

Hommes M, Siekmann G, Piepenbrock O, Baur U, Fricke A & Thieme T (2003) Reduzierung des Blattlausbefalls an ausgewählten Gemüsekulturen durch Mulchen mit verschiedenen Materialien und Farben. Bundesanstalt für Landwirtschaft und Ernährung, Bonn:http://orgprints.org/16630/.

Hulshoff RM (1995) Landscape indices describing a Dutch landscape. Landscape ecology 10:101-111.

Hunter MD (2002) Landscape structure, habitat fragmentation, and the ecology of insects. Agricultural and Forest Entomology 4:159-166.

Illert S (2009) Agrarmarkt Informations-GmbH (AMI): Entwicklungen bei Frischmarktmöhren (unveröffentlichter Vortrag). 11.03.2009, Fachtag Möhre, Ökoring Niedersachsen e.V.

Johnson CG (1969) Migration and dispersal of insects by flight. Methuen, London.

Jönsson B (1992) Forecasting the timing of damage by the carrot fly. Bulletin OILB SROP, Organisation Internationale de Lutte Biologique et Integree contre les Animaux et les Plantes Nuisibles, Section Regionale Ouest Palearctique:43-48.

Jonsson M, Wratten SD, Landis DA & Gurr GM (2008) Recent advances in conservation biological control of arthropods by arthropods. Biological Control 45:172-175.

Judd GJR, Vernon RS & Borden JH (1985) Commercial Implementation of a Monitoring Program for Psila rosae (F.) (Diptera: Psilidae) in Southwestern British Columbia. Journal of Economic Entomology 78:477-481.

Kettunen S, Havukkala I, Holopainen JK & Knuuttila T (1988) Non-chemical control of carrot rust fly in Finland. Annales Agriculturae Fenniae 27:99-105.

Kindlmann P & Burel F (2008) Connectivity measures: a review. Landscape Ecology 23:879-890.

Köhler W, Schachtel G & Voleske P (1995) Biostatistik. Springer, Berlin.

Körting A (1940) Zur Biologie und Bekämpfung der Möhrenfliege (Psila rosae F.) in Mitteldeutschland. Arbeiten über physiologische und angewandte Entomologie aus Berlin-Dahlem 7:209-232.

Kramer H (1988) Waldwachstumslehre. Paul Parey, Hamburg.

Krug H, Liebig H-P & Stützel H (2003) Gemüseproduktion. Ulmer, Stuttgart.

Lang A (2000) The pitfalls of pitfalls: a comparison of pitfall trap catches and absolute density estimates of epigeal invertebrate predators in arable land. Anzeiger für Schädlingskunde 73:99-106.

LBEG (2010) Landesamt für Bergbau, Energie und Geologie: Kartenserie Boden im Kartenserver des LBEG [online]. Landesamt für Bergbau, Energie und Geologie:http://memas01.lbeg.de/lucidamap/index.asp?THEMEGROUP=BODEN.

Legutowska H (1988) Dynamics of appearance of the carrot rust fly, Psila rosae Fabr.(Diptera: Psilidae) on carrot plants in Poland. Acta Horticulturae 219:53-57.

Legutowska H & Plaskota E (1986) Influence of environmental conditions and cultural practices on two pests of vegetable crops: the carrot fly (Psila rosae Fab.) and the leek moth (Acrolepiopsis assectella Z.). Colloques de 1:61-73.

Lichtenstein EP, Myrdal GR & Schulz KR (1965) Insecticide Uptake from Soils, Absorption of Insecticidal Residues from Contaminated Soils into Five Carrot Varieties. Journal of Agricultural and Food Chemistry 13:126-131.

Literaturverzeichnis

Lindner U & Billmann B (2006) Planung, Anlage und Auswertung von Versuchen im ökologischen Gemüsebau. Handbuch für die Versuchsanstellung. http://orgprints.org/9863/.

Markkula I, Ojanen H & Tiilikkala K (1998) Forecasting and monitoring of the carrot fly (Psila rosae) in Finland. Brighton Conference, Pests and Diseases, Conference Proceedings 2:657-662.

Mauremooto JR, Wratten SD, Worner SP & Fry GLA (1995) Permeability of hedgerows to predatory carabid beetles. Agriculture, Ecosystems & Environment 52:141-148.

McCoy J & Johnston K (2002) Using ArcGIS spatial analyst. ESRI Press, Redlands.

Nagel J (2001) Skript Waldmesslehre. wwwuser.gwdg.de/~jnagel/wamel.pdf.

O'neill RV, Krummel JR, Gardner RH, Sugihara G, Jackson B, DeAngelis DL, Milne BT, Turner MG, Zygmunt B, Christensen SW & others (1988) Indices of landscape pattern. Landscape ecology 1:153-162.

Otto M & Hommes M (2000) Development of a simulation model for the population dynamics of the onion fly Delia antiqua in Germany. EPPO Bulletin 30:115-119.

Overbeck H (1978) Untersuchungen zum Eiablage- und Befallsverhalten der Möhrenfliege Psila rosae (Diptera, Psilidae) im Hinblick auf eine modifizierte chemische Bekämpfung. Mitteilungen aus der Biologischen Bundesanstalt für Land- und Forstwirtschaft Berlin-Dahlem 183:1-145.

Petherbridge FR (1943) Further investigations on the biology and control of the carrot fly (Psila rosae F.). Annals of Applied Biology 30:348-358.

Phelps K, Collier RH, Reader RJ & Finch S (1993) Monte Carlo simulation method for forecasting the timing of pest insect attacks. Crop Protection 12:335-342.

Pimentel D, Hepperly P, Hanson J, Douds D & Seidel R (2005) Environmental, Energetic, and Economic Comparisons of Organic and Conventional Farming Systems. BioScience 55:573-582.

Rämert B (1993) Mulching with Grass and Bark and Intercropping with Medicago litoralis against Carrot Fly (Psila rosae (F)). Bioogical agriculture and horticulture 9:125.

Rämert B & Ekbom B (1996) Intercropping as a management strategy against carrot rust fly (Diptera: Psilidae): A test of enemies and resource concentration hypotheses. Environmental Entomology 25:1092-1100.

Rämert B, Lennartsson M & Davies G (2002) The use of mixed species cropping to manage pests and diseases-theory and practice. Proceedings of the UK Organic Research 2002 Conference, Organic Centre Wales, Institute of Rural Studies, University of Wales Aberystwyth:207-210.

Rigby D & Cáceres D (2001) Organic farming and the sustainability of agricultural systems. Agricultural Systems 68:21-40.

Roebuck A (1945) The carrot fly in the Midlands. Annals of Applied Biology 32:264-265.

Root RB (1973) Organization of a Plant-Arthropod Association in Simple and Diverse Habitats: The Fauna of Collards (Brassica Oleracea). Ecological Monographs 43:95-124.

Russell RC, Webb CE, Williams CR & Ritchie SA (2005) Mark-release-recapture study to measure dispersal of the mosquito Aedes aegypti in Cairns, Queensland, Australia. Medical and Veterinary Entomology 19:451-457.

Sauer C & Fischer S (2007) Die Möhrenfliege (Psila rosae) [online]. Extension Gemüsebau, Forschungsanstalt Agroscope Changins-Wädenswil, http://www.agroscope.admin.ch/data/publikationen/wa_cma_07_des_9333_d.pdf.

Savzdarg EE (1927) The Carrot fly and its control. Plant protection against pests. Bulletin of the permanent bureau of the All-Russian Entomo-and Phytopathological Congresses 4:238-242.

Schaak D (2008) Zentrale Markt- und Preisberichtstabelle (ZMP): Bio-Strukturdaten 2007. Ökomarkt Forum:14-19.

Schneider C (2003) The influence of spatial scale on quantifying insect dispersal: an analysis of butterfly data. Ecological Entomology 28:252-256.

Sexson DL & Wyman JA (2005) Effect of crop rotation distance on populations of Colorado potato beetle (Coleoptera: Chrysomelidae): development of areawide Colorado potato beetle pest management strategies. Journal of Economic Entomology 98:716-724.

Shelton AM & Badenes-Perez FR (2005) Concepts and applications of trap cropping in pest management. Annual Review of Entomology 51:285-308.

Siekmann G & Hommes M (2005) Controlling root flies with exclusion fences? [online]. Bundesforschungsinstitut für Kulturpflanzen - JKI, Institut für Pflanzenschutz in Gartenbau und Forst:http://orgprints.org/9072/.

Sokal RR & Rohlf FJ (1995) Biometry: the principles and practice of statistics in biological research. W.H. Freeman & Co, New York.

Southwood TRE (1962) Migration of terrestrial arthropods in relation to habitat. Biological Reviews 37:171-211.

Städler E (1972) Über die Orientierung und das Wirtswahlverhalten der Möhrenfliege, Psila rosae F.(Diptera: Psilidae). II. Imagines. Zeitschrift für angewandte Entomologie 70:29-61.

Steffan-Dewenter I, Münzenberg U, Bürger C, Thies C & Tscharntke T (2002) Scale-dependent effects of landscape context on three pollinator guilds. Ecology 83:1421-1432.

Sunley R (2009) EPPO Workshop on Carrot Fly (Psila rosae): integrated approaches for pest control. EPPO/OEPP Bulletin 39:113-115.

Theunissen J & Schelling G (2000) Undersowing carrots with clover: Suppression of carrot rust fly (Psila rosae) and cavity spot (Pythium spp.) infestation. Biological agriculture & horticulture 18:67 - 76.

Thöming G, Pölitz B, Kühne A & Saucke H (2011) Risk assessment of pea moth Cydia nigricana infestation in organic green peas based on spatio-temporal distribution and phenology of the host plant. Agricultural and Forest Entomology 13:121-130.

Tischendorf L (2001) Can landscape indices predict ecological processes consistently? Landscape Ecology 16:235-254.

Tischendorf L & Fahrig L (2000) On the usage and measurement of landscape connectivity. Oikos 90:7-19.

Turner MG (1989) Landscape ecology: the effect of pattern on process. Annual review of ecology and systematics 20:171-197.

Uvah III & Coaker TH (1984) Effect of mixed cropping on some insect pests of carrots and onions. Entomologia Experimentalis et Applicata 36:159-167.

Van W, Werf EW & Powell J (2000) Measuring and modelling the dispersal of Coccinella septempunctata (Coleoptera: Coccinellidae) in alfalfa fields. Eur. J. Entomol 97:487-493.

Van't Sant LE (1961) Levenswijze en bestrijding van de wortelvlieg (Psila rosae F.) in Nederland. Verslagen van landbouwkundige onderzoekingen 67:1-131.

Vernon RS & McGregor RR (1999) Exclusion fences reduce colonization of carrots by the carrot rust fly, Psila rosae (Diptera: Psilidae). Journal of the Entomological Society of the British Columbia 96:103-110.

Visser JH & de Ponti OMB (1983) Resistance of carrot to carrot fly, Psila rosae. CEC Program on Integrated and Biological Control, Luxembourg.

Wainhouse D (1975) The ecology and behaviour of the carrot fly, Psila rosae (F.). PhD thesis, University of Cambridge, UK.

Wainhouse D & Coaker TH (1981) The distribution of carrot fly (Psila rosea) in relation to the flora of field boundaries. Pests, Pathogens and Vegetation. London: Pitman Books:263-272.

Wakerley SB (1963) Weather and behaviour in carrot fly (Psila rosae fab. Dipt. Psilidae) with particular reference to oviposition. Entomologia Experimentalis et Applicata 6:268-278.

Wakerley SB (1964) The sensory behaviour of carrot fly (Psila rosae Fab., Dipt. Psilidae). Entomologia Experimentalis et Applicata 7:167-178.

Walters TW & Eckenrode CJ (1996) Integrated management of the onion maggot (Diptera: Anthomyiidae). Journal of Economic Entomology 89:1582-1586.

Westphal C, Steffan-Dewenter I & Tscharntke T (2006) Bumblebees experience landscapes at different spatial scales: possible implications for coexistence. Oecologia 149:289-300.

Williams CB (1957) Insect migration. Annual Review of Entomology 2:163-180.

Wratten SD, Bowie MH, Hickman JM, Evans AM, Sedcole JR & Tylianakis JM (2003) Field boundaries as barriers to movement of hover flies (Diptera: Syrphidae) in cultivated land. Oecologia 134:605-611.

Wright DW & Ashby DG (1946a) The Control of the Carrot Fly (Psila Rosae, Fab.) (Diptera) with DDT. Bulletin of Entomological Research 36:253-268.

Wright DW & Ashby DG (1946b) Bionomics of the carrot fly (Psila rosae F.) I. The infestation and sampling of carrot crops. Annals of Applied Biology 33:69-77.

Wright DW, Geering QA & Ashby DG (1947) The Insect Parasites of the Carrot Fly, Psila Rosae, Fab. Bulletin of Entomological Research 37:507-529.

Wyss E, Daniel C & Specht N (2003) Wirkung vertikaler Insektennetze gegen die Möhrenfliege Psila rosae im biologischen Möhrenanbau [online]. Forschungsinstitut für biologischen Lanbau Frick, FibL:http://orgprints.org/2591/1/wyss-2003-m%C3%B6hrenfliege-netz.pdf.

Wyss E, Luka H, Pfiffner L, Schlatter C, Gabriela U & Daniel C (2005) Approaches to pest management in organic agriculture: a case study in European apple orchards [online]. Forschungsinstitut für biologischen Lanbau Frick, FibL:http://orgprints.org/8717/.

Zehnder G, Gurr GM, Kühne S, Wade MR, Wratten SD & Wyss E (2007) Arthropod Pest Management in Organic Crops. Annual Review of Entomology 52:57-80.

Öffentlich zugängliche Internetressourcen

Bodenschätzungskarte (1:25000) des LBEG, Bodenschätzung seit 1934
http://memas01.lbeg.de/lucidamap/index.asp?THEMEGROUP=BODEN

Literaturverzeichnis

BfN, Karten, Schutzgebiete und Landschaften in Deutschland

http://www.bfn.de/0503_karten.html

Schlaggrenzen in Niedersachsen

http://www.lwk-niedersachsen.de/index.cfm/portal/36/nav/0/article/8728.html

Simulationsmodell für Kleine Kohlfliege, Möhrenfliege und die Zwiebelfliege SWAT

http://www.jki.bund.de/no_cache/de/startseite/institute/pflanzenschutz-gartenbau-und-forst/swat.html

11. Im Projektzeitraum entstandene Veröffentlichungen

Informationsveranstaltungen für Praktiker

F. Herrmann, H. Buck, H. Saucke (2008) Möhrenfliegenschäden vermeiden, Jahresversammlung der Erzeugergemeinschaft BioWest e.V., 26.02. 2008, Mönchengladbach, Vortrag.

F. Herrmann, H. Buck, M. Hommes, H. Saucke (2010), Ergebnisse aus dem BÖL-Projekt 06 OE 095, Vermeidung von Möhrenfliegenschäden im Ökolandbau, Fachtag Möhre, 11. Mrz 2010, Kompetenzzentrum Ökolandbau, Visselhövede

Zeitschriften für Praktiker

F. Herrmann & H. Saucke (2010) Vermeidung von Möhrenfliegenschäden mit Fangstreifen, *Versuche im Ökologischen Gemüsebau 2009.* Herausgegeben vom Kompetenzzentrum Ökolandbau Niedersachsen GmbH, 2010.

F. Herrmann & H. Buck (2009) Falle für die Möhrenfliege, Bioland- Fachzeitschrift für den Organisch-Biologischen Land- und Gartenbau, 2, S. 18-19.

F. Herrmann & H. Saucke (2009) Vermeidung von Möhrenfliegenschäden mit Fangstreifen, *Versuche im Ökologischen Gemüsebau 2008.* Herausgegeben vom Kompetenzzentrum Ökolandbau Niedersachsen GmbH, 2009.

F. Herrmann & H. Saucke (2008) Vermeidung von Möhrenfliegenschäden auf Praxisbetrieben, *Versuche im Ökologischen Gemüsebau 2007.* Herausgegeben vom Kompetenzzentrum Ökolandbau Niedersachsen GmbH, 2008.

Im Projektzeitraum entstandene Veröffentlichungen

Tagungsbeiträge

F. Herrmann, H. Buck, M. Hommes, H. Saucke (*angenommen*). Schlagseparierung als Ansatz zur Prävention von Möhrenfliegenschäden. 11. Wissenschaftstagung Ökologischer Landbau, 06.-09. Mrz, 2011, Gießen.

F. Herrmann, H. Buck, M. Hommes, H. Saucke (vorr. 2011) Vermeidung und Reduktion von Möhrenfliegenschäden im Ökolandbau, *57. Deutsche Pflanzenschutztagung*, 06.-09. Sept 2010, Berlin, p. 456.

Herrmann, F., Buck, H., Liebig, N., Hommes, M., Saucke, H. (2009). Vermeidung und Reduktion von Möhrenfliegenschäden im Ökolandbau. *10. Wissenschaftstagung Ökologischer Landbau*, Zürich, 11.-13. Februar 2009. Band 1, 292-295. Verlag Dr. Köster, Berlin

F. Herrmann, H. Buck, N. Liebig, M. Hommes, H. Saucke (2008) Strategien zur Vermeidung von Möhrenfliegenschäden im Ökolandbau, *56. Deutsche Pflanzenschutztagung*, 22.-25. Sept 2008, Kiel: Mitt. Julius Kühn-Institut, 2008, p. 246.

F. Herrmann, M. Hommes, and H. Saucke (2007) Spatial Analysis of Landuse Structures in Relation to Carrot Fly Damage in Organic Carrots. *IOBC Working Group "Integrated Control in Field Vegetables"*, 23.-28. Sept 2007, Oporto, Portugal, IOBC / WPRS bulletin 2009 vol. 51.

12. Anhang

Ergebnisse der Multiplen linearen Regressionen

Betrieb A

Tabelle X 1: Ergebnisse der multiplen linearen Regression auf Betrieb A zur Überprüfung des Einfluss des kürzesten Abstands zu vorjährigen Möhren [MD] und der Fläche vorjähriger Möhren im Umkreis [A_{VJ}] im schrittweisen Rückwärtsverfahren auf die Summe der Möhrenfliegen pro Falle in 1. Generation [Fliegen / Falle] und den Möhrenfliegenbefall pro erntefähige Möhrenprobe [Befall / Probe] von 2007 – 2009.

MR1

2007	Fliegen / Falle				Befall / Probe			
	B	SE B	Beta	R2	B	SE B	Beta	R2
Modell 1				0,66	Modell 1			0,47
Konstante	-3,4	1,64			Konstante	-0,26	0,23	
			-0,54			0,00	0,00	0,42
MD	3,01⁻³	1,5-3	(*)		MD			
A VJ 900	0,96	0,21	1,26 ***		A VJ 1000	0,10	0,02	1,05 ***
					Modell 2			0,44
					Konstante	0,10	0,04	
					A VJ 1000	0,06	0,01	0,66 ***

2008	Fliegen / Falle				Befall / Probe			
	B	SE B	Beta	R2	B	SE B	Beta	R2
Modell 1				0,64	Modell 1			0,39
Konstante	-0,7	5,2			Konstante	-,552	,436	
MD	2,1⁻³	8,31⁻³	8,31⁻³		MD	,001	,001	,430
A VJ 600	1,25	0,81	0,94		A VJ 1000	,546	,167	0,97 **
Modell 2				0,64	Modell 2			0,35
Konstante	0,59	0,63			Konstante	,067	,092	
A VJ 600	1,1	0,25	0,8 **		A VJ 1000	,331	,079	0,59 ***

2009	Fliegen / Falle				Befall / Probe			
	B	SE B	Beta	R2	B	SE B	Beta	R2
Modell 1				0,73	Modell 1			0,71
Konstante	6,72	1,90			Konstante	0,40	0,07	
MD	0,00	0,00	-0,82 *		MD	0,00	0,00	-0,31 *
A VJ 200	0,07	0,52	0,04		A VJ 200	0,14	0,03	0,58 ***
Modell 2				0,73				
Konstante	6,96	0,27						
MD	0,00	0,00	-0,85 ***					

Multiple Regressionen, backwards Verfahren, (*) p< 0,1 ; * p < 0,05 ; ** p < 0,01 ; *** p < 0,001

Anhang

Tabelle X 2: Ergebnisse der multiplen linearen Regression auf Betrieb B zur Überprüfung des Einfluss des kürzesten Abstands zu vorjährigen Möhren [MD] und der Fläche vorjähriger Möhren im Umkreis [AVJ] im schrittweisen Rückwärtsverfahren auf die Summe der Möhrenfliegen pro Falle in 1. Generation [Fliegen / Falle] und den Möhrenfliegenbefall pro erntefähige Möhrenprobe [Befall / Probe] von 2007 – 2009.

MR1

2007 Fliegen / Falle **Befall / Probe**

	B	SE B	Beta	R^2		B	SE B	Beta	R^2
Modell 1				,043	Modell 1				,358
Konstante	-,365	1,273			Konstante	,035	,036		
MD	,001	,002	,485		MD	,000	,000	,462	
AVJ 500	,174	,260	,442		AVJ 1200	,006	,008	,157	
Modell 2				,007	Modell 2				,350
Konstante	,451	,356			Konstante	,047	,031		
MD	0,0002	,001	,086		MD	,000	,000	,591	
Modell 3				< 0.001					
Konstante	,543	,190	*						

2008 Fliegen / Falle **Befall / Probe**

	B	SE B	Beta	R^2		B	SE B	Beta	R^2
Modell 1					Modell 1				,074
					Konstante	-,319	,635		
					MD	0,0002	0,0001	,357	
keine Fliegen in Gen 1					AVJ 1600	,027	,035	,203	
					Modell 2				,050
					Konstante	,175	,034		
					MD	0,0001	0,0001	,224	
					Modell 3				< 0.001
					Konstante	,209	,018		

2009 Fliegen / Falle **Befall / Probe**

	B	SE B	Beta	R^2		B	SE B	Beta	R^2
Modell 1				,477	Modell 1				,185
Konstante	-,173	,996			Konstante	,002	,033		
MD	,001	,002	,235		MD	0,000000	0,000000	-,217	
AVJ 300	,189	,119	,902		AVJ 600	,009	,004	0.42 *	
Modell 2				,469					,140
Konstante	,226	,250			Konstante	,006	,033		
AVJ 300	,143	,044	0.68 **		AVJ 600	,008	,004	0.37 *	

Multiple Regressionen, backwards Verfahren, (*) p< 0,1 ; * p < 0,05 ; ** p < 0,01 ; *** p < 0,001

Anhang

Tabelle X 3: Ergebnisse der multiplen linearen Regression auf Betrieb C zur Überprüfung des Einfluss des kürzesten Abstands zu vorjährigen Möhren [MD] und der Fläche vorjähriger Möhren im Umkreis [A_{VJ}] im schrittweisen Rückwärtsverfahren auf die Summe der Möhrenfliegen pro Falle in 1. Generation [Fliegen / Falle] und den Möhrenfliegenbefall pro erntefähige Möhrenprobe [Befall / Probe] von 2007 – 2009.

MR1

2007	Fliegen / Falle				Befall / Probe			
	B	SE B	Beta	R2	B	SE B	Beta	R2
Modell 1								,022
					-,429	1,222		
keine Fliegen in Gen 1					,000	,000	,090	
					,107	,291	,167	
Modell 2								,016
					-,311	,992		
					,080	,240	,125	
Modell 3								< 0.001
					,019	,019		

2008	Fliegen / Falle				Befall / Probe			
	B	SE B	Beta	R2	B	SE B	Beta	R2
Modell 1				,117	Modell 1			,205
Konstante	-,226	1,540			Konstante	-,583	,314	
MD	,000	,004	,047		MD	,000	,000	,025
AVJ 800	,171	,302	,306		AVJ 1000	,187	,075	0.45 *
Modell 2				,116	Modell 2			,204
Konstante	-,303	1,176			Konstante	-,577	,305	
AVJ 800	,191	,186	,341		AVJ 1000	,187	,074	0.45 *
Modell 3				< 0.001				
Konstante	,883	,216						

2009	Fliegen / Falle				Befall / Probe			
	B	SE B	Beta	R2	B	SE B	Beta	R2
Modell 1				,047	Modell 1			,212
Konstante	-6,445	14,446			Konstante	,257	,178	
MD	,001	,002	,223		MD	,000	,000	-,553
AVJ 1400	,835	1,555	,238		AVJ 500	-,039	,026	-,956
Modell 2				,013	Modell 2			,184
Konstante	-2,203	11,156			Konstante	,104	,027	
AVJ 1400	,403	1,232	,115		AVJ 500	-,018	,008	-0.43 *
Modell 3				< 0.001				
Konstante	1,441	,263						

Multiple Regressionen, backwards Verfahren, (*) p< 0,1 ; * p < 0,05 ; ** p < 0,01 ; *** p < 0,001

Tabelle X 4: Ergebnisse der multiplen linearen Regression auf Betrieb D zur Überprüfung des Einfluss des kürzesten Abstands zu vorjährigen Möhren [MD] und der Fläche vorjähriger Möhren im Umkreis [A_{VJ}] im schrittweisen Rückwärtsverfahren auf die Summe der Möhrenfliegen pro Falle in 1. Generation [Fliegen / Falle] und den Möhrenfliegenbefall pro erntefähige Möhrenprobe [Befall / Probe] von 2007 – 2009.

MR1

2008 Fliegen / Falle   Befall / Probe

	B	SE B	Beta	R2		B	SE B	Beta	R2
Modell 1				1,000	Modell 1				,523
Konstante	-55,879	,000			Konstante	-4,185	2,033		
MD	,001	,000	,417		MD	,001	,000	0.93 **	
AVJ 1000	13,203	,000	1,122		AVJ 1000	,871	,443	0.51 (*)	

2009 Fliegen / Falle   Befall / Probe

	B	SE B	Beta	R2		B	SE B	Beta	R2
Modell 1				,478	Modell 1				,572
Konstante	7,091	5,026			Konstante	-,451	,169		
MD	-,005	,004	-1,133		MD	,001	,000	0.73 **	
AVJ 1000	-,321	,544	-,545		AVJ 900	1,783	,521	0.73 **	
Modell 2				,417					
Konstante	4,364	1,796							
MD	-,003	,002	-,646						
Modell 3				< 0.001					
Konstante	1,368	,355							

Multiple Regressionen, backwards Verfahren, (*) p< 0,1 ; * p < 0,05 ; ** p < 0,01 ; *** p < 0,001

Anhang

Tabelle X 5: Ergebnisse der multiplen linearen Regression auf Betrieb E zur Überprüfung des Einfluss des kürzesten Abstands zu vorjährigen Möhren [MD] und der Fläche vorjähriger Möhren im Umkreis [A_{VJ}] im schrittweisen Rückwärtsverfahren auf die Summe der Möhrenfliegen pro Falle in 1. Generation [Fliegen / Falle] und den Möhrenfliegenbefall pro erntefähige Möhrenprobe [Befall / Probe] von 2007 – 2009.

2007	Fliegen / Falle				Befall / Probe			
	B	SE B	Beta	R2	B	SE B	Beta	R2
Modell 1				0,549	Modell 1			
Konstante	16,847	9,166			Konstante	,142	,158	
MD	-,032	,028	-,788		MD	,000	,001	,016
AVJ 300	-8,399	4,205	-1,363		AVJ 200	,649	,194	0.77 **
Modell 2				0,429	Modell 2			
Konstante	6,295	,803			Konstante	,152	,033	
			-0.66			,640	,138	0.76 ***
AVJ 300	-4,036	1,901	(*)		AVJ 200			

2008	Fliegen / Falle				Befall / Probe			
	B	SE B	Beta	R2	B	SE B	Beta	R2
Modell 1				,592	Modell 1			,606
Konstante	1,395	1,103			Konstante	-,756	,406	
MD	,004	,002	0.76 *		MD	,000	,000	,767
AVJ 400	4,390	1,410	0.96 *		AVJ 1600	,113	,037	1.45 **
					Modell 2			,537
					Konstante	-,112	,092	
					AVJ 1600	,057	,013	0.73 ***

2009	Fliegen / Falle				Befall / Probe			
	B	SE B	Beta	R2	B	SE B	Beta	R2
Modell 1				,308	Modell 1			
Konstante	2,839	5,768			Konstante	-1,075	,526	
MD	,000	,007	,058		MD	,000	,000	,121
AVJ 600	2,437	3,394	,605		AVJ 1200	,348	,143	0.42 *
Modell 2				,308	Modell 2			
	3,235	,426			Konstante	-,882	,444	
	2,233	1,499	,555		AVJ 1200	,371	,138	0.45 *
Modell 3				<0.001				
	3,604	,381						

Multiple Regressionen, backwards Verfahren, (*) p< 0,1 ; * p < 0,05 ; ** p < 0,01 ; *** p < 0,001

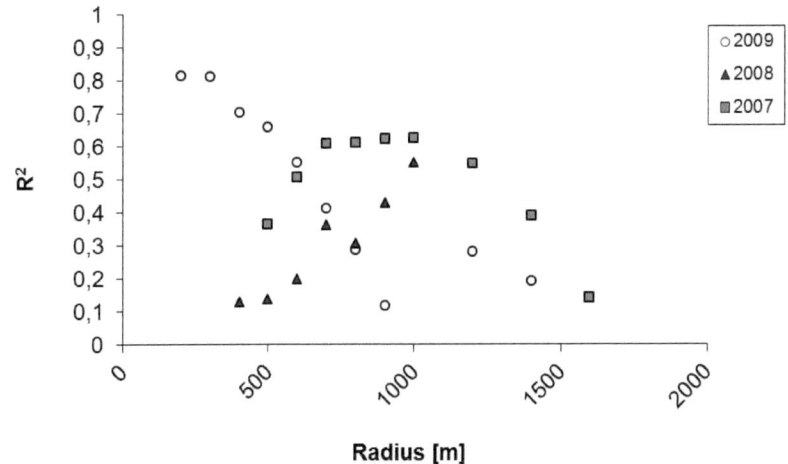

Abbildung X 1: Bestimmtheitsmaße (R^2) linearer Regressionen zwischen dem bonitierten Befall und der Fläche vorjähriger Möhrenfelder (A_{VJ}) innerhalb der Radien 200 - 1600 Meter (Radius) um Boniturpunkte, in den Versuchsjahren 2007-09 exemplarisch für Betrieb A. Lineare Regressionen zwischen A_{VJ} und Befall waren für die Radien mit dem höchsten R^2-Wert signifikant und wurden für weitere Analysen herangezogen (2007: $F(1,48) = 30,7$; $P = <0,001$; $R^2 = 0,39$. 2008: $F(1,33) = 14,3$; $P = <0,001$; $R^2 = 0,30$. 2009: $F(1,47) = 93$; $P = < 0,001$).

Anhang

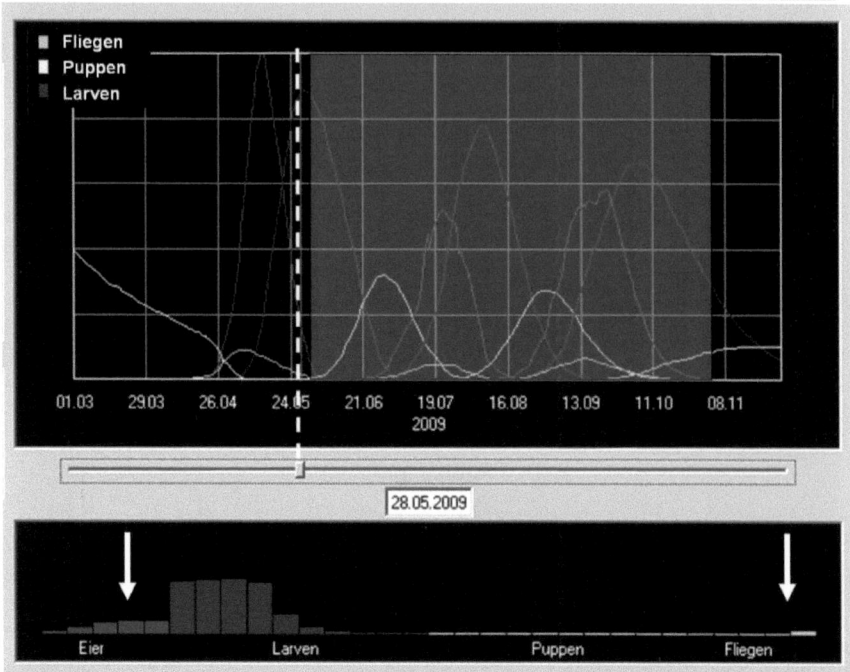

Abbildung X 2: SWAT Simulation auf Betrieb B auf Grundlage langjähriger regionaler Klimadaten im Zeitraum 2000-2009. Relatives Auftreten der Entwicklungsstadien Fliege, Larve, Puppe im Zeitverlauf (oben) zeigen, dass im durchschnittlichen Zeitraum des Möhrenwachstums (gelber Hintergrund) nur die 2. und 3. Generation Möhrenfliege koinzidiert. Unterer Teil: Querschnitt durch die Altersstruktur der Population am 28. Mai. Jeder Balken repräsentiert einen Altersabschnitt des jeweiligen Entwicklungsstadiums und zeigt seine relative Häufigkeit an. Zum Zeitpunkt des Auflaufens der Möhren ist die Eiablage der Fliegen bereits vorbei (Pfeile unten).

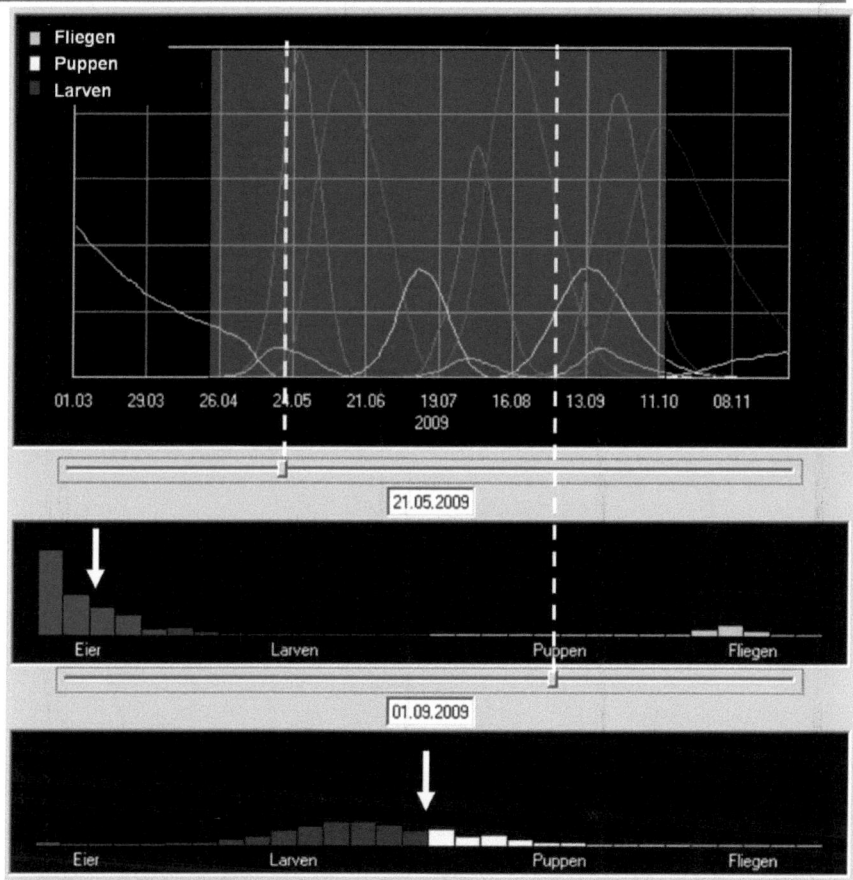

Abbildung X 3: SWAT Simulation auf Betrieb E auf Grundlage langjähriger regionaler Klimadaten im Zeitraum 1980–2009. Relatives Auftreten der Entwicklungsstadien Fliege, Larve, Puppe im Zeitverlauf (oben) zeigen, dass während des durchschnittlichen Möhrenwachstums (gelber Hintergrund) alle drei Generationen Möhrenfliege auftreten. Unterer Teil: Querschnitt durch die Altersstruktur der Population am 21. Mai (Mitte) und am 01. September (Unten). Jeder Balken repräsentiert einen Altersabschnitt des jeweiligen Entwicklungsstadiums und zeigt seine relative Häufigkeit an. Sowohl während der Eiablage der 1. Generation (oberer Pfeil) als auch während der Verpuppung der 2. Generation (Pfeil unten) sind Möhren als Vermehrungsgrundlage präsent.

Anhang

Tabelle X 6: Ergebnisse der multiplen linearen Regression auf Betrieb A zur Überprüfung des Einfluss der drei Strukturparameter Kleingehölze [m], Wald [ha] und Ortschaften [ha] im schrittweisen Rückwärtsverfahren auf die Summe der Möhrenfliegen pro Falle in 1. Generation [Fliegen / Falle] und den Möhrenfliegenbefall pro erntefähige Möhrenprobe [Befall / Probe] von 2007 - 2009. Fliegenzahlen waren wurzel-transformiert, Befallsprozente waren arcsinwurzel-transformiert.

Betrieb A

2007	Fliegen / Falle				Befall / Probe			
	B	SE B	Beta	R2		B	SE B	Beta	R2
Modell 1				0,64	Modell 1				0,5
Konstante	-5,28	6,34			Konstante	1,02	0,54		
Ortschaft	0,11	0,06	0,35		Ortschaft	0,01	$4,64^{-3}$	0,39 **	
Kleingehoelz	0,00	0,00	0,98		Kleingehoelz	$2,77^{-5}$	$3,07^{-5}$	0,34	
Wald	0,17	0,36	0,37		Wald	-0,01	0,03	-0,13	
Modell 2				0,63	Modell 2				0,5
Konstante	-2,34	0,66			Konstante	-0,16	0,08		
Ortschaft	0,09	0,04	0.29 **		Ortschaft	0,02	$3,95^{-3}$	0,41 ***	
Kleingehoelz	0,00	0,00	0.64 ***		Kleingehoelz	3,69	$8,93^{-6}$	,45 ***	

2008	Fliegen / Falle				Befall / Probe			
	B	SE B	Beta	R2		B	SE B	Beta	R2
Modell 1				0,84	Modell 1				0,38
Konstante	-14,98	8,26			Konstante	1,31	0,87		
Ortschaft	-0,49	0,10	-1.48 **		Ortschaft	-0,03	0,01	-0,58 *	
Kleingehoelz	0,00	0,00	1.74 *		Kleingehoelz	$-8,6^{-5}$	$7,8^{-5}$	-0,18	
Wald	2,71	1,23	1.20 (*)		Wald	0,02	0,03	1,2	
					Modell 2				0,37
					Konstante	1,54	0,77		
					Ortschaft	-0,02	0,01	-0,48 **	
					Kleingehoelz	$-9,38^{-5}$		-0,2	
					Modell 3				0,34
					Konstante	0,6	0,07		
					Ortschaft	-0,03	0,01	-0,58 ***	

2009	Fliegen / Falle				Befall / Probe			
	B	SE B	Beta	R2		B	SE B	Beta	R2
Modell 1				0,28	Modell 1				0,08
Konstante	3,75	0,82			Konstante	0,53	0,08		
Ortschaft	-0,34	0,44	-0,22		Ortschaft	$-2,24^{-3}$	0,05	-0,01	
Kleingehoelz	0,01	0,00	0.57 (*)		Kleingehoelz	$-2,04^{-3}$	$1,84^{-4}$	-0,17	
Wald	4,28	5,24	0,18		Wald	1,17	0,73	0,3	
Modell 2				0,26	Modell 2				0,08
Konstante	4,052	,716			Konstante	0,53	0,08		
Kleingehoelz	,004	,002	0.43 (*)		Kleingehoelz	$-2,05^{-4}$	$1,79^{-4}$	-0,18	
Wald	3,020	4,943	,124		Wald	1,15	0,59	0,3 (*)	
Modell 3				0,24	Modell 3				0,05
Konstante	4,08	0,71			Konstante	0,47	0,06		
Kleingehoelz	0,01	0,00	0.49 **		Wald	0,9	0,55	0,23	
					Modell 4				0
					Konstante	0,53	0,04		

Multiple Regressionen, backwards Verfahren, (*) p< 0,1 ; * p < 0,05 ; ** p < 0,01 ; *** p < 0,001

Tabelle X 7: Ergebnisse der multiplen linearen Regression auf Betrieb B. Strukturparameter Kleingehölze [m], Wald [ha] und Ortschaften [ha] im schrittweisen Rückwärtsverfahren auf die Summe der 1. Generation [Fliegen / Falle] und Befallsprozente [Befall / Probe] von 2007 – 2009. Fliegenzahlen sind wurzel-transformiert, Befallsprozente arcsinwurzel-transformiert.

Betrieb B

2007	Fliegen / Falle					Befall / Probe			
	B	SE B	Beta	R2		B	SE B	Beta	R2
Modell 1				0,23	Modell 1				0,31
Konstante	0,61	0,48			Konstante	−0,09	0,25		
Ort	−0,18	0,12	−0,44		Ort	0,05	0,03	0,22	
Kleingehoelz	1,96 $^{-4}$	2,06 $^{-4}$	0,27		Kleingehoelz	1,39 $^{-5}$	3,33 $^{-5}$	0,06	
Wald	0,12	0,67	0,05		Wald	7,64 $^{-6}$	2,42 $^{-6}$	−0.43 **	
Modell 2				0,23	Modell 2				0,30
Konstante	0,64	0,44			Konstante	−0,01	0,17		
Ort	−0,19	0,11	−0,46		Ort	0,05	0,03	0.25 *	
Kleingehoelz	2,05 $^{-4}$	1,90 $^{-4}$	0,28		Wald	7,81 $^{-6}$	2,36 $^{-6}$	−0.44 **	
Modell 3				0,15					
Konstante	0,95	0,32							
Ort	−0,16	0,10	−0,39						
Modell 4				< 0.01					
Konstante	0,54	0,19	*						

2008	Fliegen / Falle					Befall / Probe			
	B	SE B	Beta	R2		B	SE B	Beta	R2
					Modell 1				0,27
					Konstante	0,39	0,13		
					Ort	0,02	0,01	0,49	
keine Fliegen in Gen 1					Kleingehoelz	4,15 $^{-5}$	1,86 $^{-5}$	−1,00	
					Wald	0,00	0,01	−0,17	
					Modell 2				0,26
					Konstante	0,34	0,05		
					Ort	0,02	0,01	0,50	
					Kleingehoelz	3,58 $^{-5}$	1,37 $^{-5}$	−0,86	
					Modell 3				0,19
					Konstante	0,32	0,05		
					Kleingehoelz	1,81 $^{-5}$	7,50 $^{-6}$	−0,43	

2009	Fliegen / Falle					Befall / Probe			
	B	SE B	Beta	R2		B	SE B	Beta	R2
Modell 1				0,30	Modell 1				0,33
Konstante	1,42	0,39			Konstante	0,14	0,07		
Ort	−0,22	0,78	−0,10		Ort	−0,04	0,02	−0,30	
Kleingehoelz	1,65 $^{-3}$	9,68 $^{-4}$	−0,50		Kleingehoelz	7,95 $^{-5}$	1,8 $^{-5}$	0,62	
Wald	0,97	0,89	0,34		Wald	−4,96 $^{-6}$	3,74 $^{-5}$	−0,17	
Modell 2				0,29	Modell 2				0,30
Konstante	1,44	0,37			Konstante	0,13	0,07		
Kleingehoelz	1,75 $^{-3}$	8,61 $^{-4}$	−0.53 (*)		Ort	−0,04	0,02	−0,30	
Wald	0,85	0,75	0,30		Kleingehoelz	7,65 $^{-5}$	1,8 $^{-5}$	0,60	
Modell 3				0,21					
Konstante	1,46	0,38							
Kleingehoelz	1,52 $^{-3}$	8,46 $^{-4}$	−0.46 (*)						

Multiple Regressionen, backwards Verfahren, (*) p< 0,1 ; * p < 0,05 ; ** p < 0,01 ; *** p < 0,001

Anhang

Tabelle X 8: Ergebnisse der multiplen linearen Regression, Betrieb C - Strukturparameter Kleingehölze [m], Wald [ha] und Ortschaften [ha]. 1. Generation Fliegen [Fliegen/ Falle] , und Befallsprozente [Befall/ Probe] von 2007 - 2009. Fliegenzahlen sind wurzel-transformiert, Befallsprozente arcsinwurzel-transformiert.

Betrieb C

2007	Fliegen / Falle				Befall / Probe			
	B	SE B	Beta	R2	B	SE B	Beta	R2
					Modell 1			**0,12**
					Konstante	-0,03	0,10	
keine Fliegen in Gen 1					Ort	0,01	0,02	0,28
					Kleingehoelz	2,04 $^{-5}$	1,95 $^{-5}$	0,05
					Wald	0,21	0,39	0,24
					Modell 2			**0,12**
					Konstante	-0,02	0,05	
					Ort	0,01	0,02	0,28
					Wald	0,20	0,34	0,22
					Modell 3			**0,07**
					Konstante	-0,01	0,05	
					Ort	0,01	0,02	0,27
					Modell 4			**< 0.01**
					Konstante	,02	,02	
2008	Fliegen / Falle				Befall / Probe			
	B	SE B	Beta	R2	B	SE B	Beta	R2
Modell 1				**0,08**	**Modell 1**			**0,34**
Konstante	0,80	2,02			Konstante	-0,18	0,23	
Ort	-0,18	0,28	-0,46		Ort	-0,01	0,01	-0,44
Kleingehoelz	2,29 $^{-4}$	4,84 $^{-4}$	0,36		Kleingehoelz	6,84 $^{-5}$	2,67 $^{-4}$	0,85
Wald	0,12	1,18	0,05		Wald	-0,01	0,06	-0,03
Modell 2				**0,08**	**Modell 2**			**0,34**
Konstante	0,97	1,06			Konstante	-0,21	0,12	
Or	-0,17	0,22	-0,42		Ort	-0,01	0,01	-0,45
Kleingehoelz	1,99 $^{-4}$	3,51 $^{-4}$	0,31		Kleingehoelz	7,02 $^{-5}$	2,19 $^{-5}$	0,88
Modell 3				**0,04**	**Modell 3**			**0,27**
Konstante	1,32	0,83			Konstante	-0,10	0,10	
Ort	-0,08	0,14	-0,19		Kleingehoelz	4,15 $^{-5}$	1,37 $^{-5}$	0.52 **
Modell 4				**< 0.01**				
Konstante	,88	,22						
2009	Fliegen / Falle				Befall / Probe			
	B	SE B	Beta	R2	B	SE B	Beta	R2
Modell 1				**0,20**	**Modell 1**			**0,12**
Konstante	1,49	7,92			Konstante	-0,74	0,59	
Ort	0,48	0,40	0,83		Ort	0,01	0,03	0,08
Kleingehoelz	5,06 $^{-4}$	,29 $^{-3}$	-0,21		Kleingehoelz	1,18 $^{-4}$	9,41 $^{-5}$	0,38
Wald	-0,47	0,41	-0,95		Wald	0,03	0,03	0,42
Modell 2				**0,18**	**Modell 2**			**0,12**
Konstante	-1,42	2,54			Konstante	-0,71	0,56	
Ort	0,45	0,37	0,78		Kleingehoelz	1,2 $^{-4}$	9,10 $^{-5}$	0,39
Wald	-0,38	0,32	-0,76		Wald	0,03	0,02	0,49
Modell 3				**0,02**	**Modell 3**			**0,04**
Konstante	0,77	1,78			Konstante	0,02	0,04	
Ort	0,08	0,20	0,13		Wald	0,01	0,01	0,21
Modell 4				**< 0.01**	**Modell 4**			**< 0.01**
Konstante	1,44	,26			Konstante	,06	,02	

Anhang

Multiple Regressionen, backwards Verfahren, (*) p< 0,1 ; * p < 0,05 ; ** p < 0,01 ; *** p < 0,001

Tabelle X 9: Ergebnisse der multiplen linearen Regression auf Betrieb D zur Überprüfung des Einfluss der drei Strukturparameter Kleingehölze [m], Wald [ha] und Ortschaften [ha] im schrittweisen Rückwärtsverfahren auf die Summe der Möhrenfliegen pro Falle in 1. Generation [Fliegen/ Falle] und den Möhrenfliegenbefall pro erntefähige Möhrenprobe [Befall/ Probe] von 2008 – 2009. Fliegenzahlen waren wurzel-transformiert, Befallsprozente waren arcsinwurzel-transformiert.

Betrieb D

2008	Fliegen / Falle					Befall / Probe			
	B	SE B	Beta	R2		B	SE B	Beta	R2
Modell 1				1,00	Modell 1				0,51
Konstante	33,95	0,00			Konstante	2,04	1,16		
Ort	-0,32	0,00	-4,84		Ort	-0,01	0,01	-0,55	
Wald	5,38	0,00	4,62		Kleingehoelz	2,43 $^{-4}$	2,40 $^{-4}$	-0,28	
					Wald	0,58	0,19	0,97	
					Modell 2				0,46
					Konstante	0,98	0,50		
					Ort	-0,01	0,01	-0,50	
					Wald	0,45	0,14	0,76	

2009	Fliegen / Falle					Befall / Probe			
	B	SE B	Beta	R2		B	SE B	Beta	R2
Modell 1				0,99	Modell 1				
Konstante	-11,79	2,08			Konstante	-0,40	0,78		
Ort	0,20	0,04	1.056 *		Ort	4,00 $^{-3}$	0,02	0,15	
Kleingehoelz	6,50 $^{-4}$	1,95^{-4}	0.71 (*)		Kleingehoelz	0,00	0,00	0,60	
Wald	10,91	0,92	0.77 **		Wald	0,02	0,63	0,01	
					Modell 2				
					Konstante	-0,39	0,72		
					Ort	4,00 $^{-3}$	0,02	0,16	
					Kleingehoelz	0,00	0,00	0,61	
					Modell 3				
					Konstante	-0,23	0,20		
					Kleingehoelz	0,00	0,00	0.46 (*)	

Multiple Regressionen, backwards Verfahren, (*) p< 0,1 ; * p < 0,05 ; ** p < 0,01 ; *** p < 0,001

Anhang

Tabelle X 10: Ergebnisse der multiplen linearen Regression auf Betrieb E. Strukturparameter Kleingehölze [m], Wald [ha] und Ortschaften [ha]. Summe Fliegen in 1. Generation [Fliegen/ Falle] und Befall pro erntefähige Möhrenprobe [Befall/ Probe] von 2008 – 2009. Fliegenzahlen sind wurzel-transformiert, Befallsprozente arcsinwurzel-transformiert.

Betrieb E

2007	Fliegen / Falle					Befall / Probe			
	B	SE B	Beta	R2		B	SE B	Beta	R2
Modell 1				0,67	Modell 1				0,58
Konstante	-9,21	22,73			Konstante	0,46	0,19		
Ort	-0,26	3,77	-0,03		Ort	-0,18	0,06	-0.57 **	
Kleingehoelz	0,04	0,03	0,60		Kleingehoelz	3,17 -4	6,10 -4	-0,10	
Wald	-65,75	93,57	-0,33		Wald	6,38	2,94	0.4 *	
Modell 2				0,67	Modell 2				0,57
Konstante	-10,62	9,01			Konstante	0,38	0,10		
Kleingehoelz	0,04	0,02	0.63 (*)		Ort	-0,18	0,05	-0.58 **	
Wald	-61,15	58,92	-0,30		Wald	6,81	2,75	0.42 *	
Modell 3				0,59					
Konstante	-16,16	7,31							
Kleingehoelz	0,05	0,02	0.77 *						
2008	Fliegen / Falle					Befall / Probe			
	B	SE B	Beta	R2		B	SE B	Beta	R2
Modell 1				0,30	Modell 1				0,55
	6,43	4,46			Konstante	-0,60	0,90		
	0,94	0,88	0,71		Ort	-0,06	0,02	-0.73 *	
	-0,01	4,22 -3	-0,77		Kleingehoelz	2,13 -4	1,18 -4	0.39 (*)	
	56,95	79,36	0,50		Wald	0,50	0,16	0.78 **	
Modell 2				0,24					
Konstante	7,95	3,79							
Ort	0,41	0,45	0,31						
Kleingehoelz	3,59 -3	2,62-3	-0,47						
Modell 3				0,15					
Konstante	8,62	3,68							
Kleingehoelz	2,96 -3	2,5 -3	-0,39						
Modell 4				< 0.01					
Konstante	4,29	0,36							
2009	Fliegen / Falle					Befall / Probe			
	B	SE B	Beta	R2		B	SE B	Beta	R2
Modell 1				0,65	Modell 1				0,17
Konstante	-7,13	7,07			Konstante	2,25	2,67		
Ort	0,02	0,09	0,14		Ort	-0,08	0,06	-0,33	
Kleingehoelz	1,51 -3	3,32-3	0,27		Kleingehoelz	1,71 -4	1,19 -4	0,27	
Wald	20,34	10,41	0,85		Wald	1,25	0,55	0,59	
Modell 2				0,64	Modell 2				0,12
Konstante	-6,41	5,42			Konstante	-1,24	0,84		
Kleingehoelz	9,91 -4	1,95 -3	0,18		Kleingehoelz	1,4 -4	1,20 -4	0,24	
Wald	21,15	8,44	0,88		Wald	0,75	0,41	0,35	
Modell 3				0,62	Modell 3				0,07
Konstante	-4,10	2,72			Konstante	-0,37	0,46		
Wald	18,90	6,64	0,79		Wald	0,56	0,38	0,26	
					Modell 4				< 0.01
					Konstante	0,31	0,05		

Multiple Regressionen, backwards Verfahren, (*) p< 0,1 ; * p < 0,05 ; ** p < 0,01 ; *** p < 0,001

Anhang

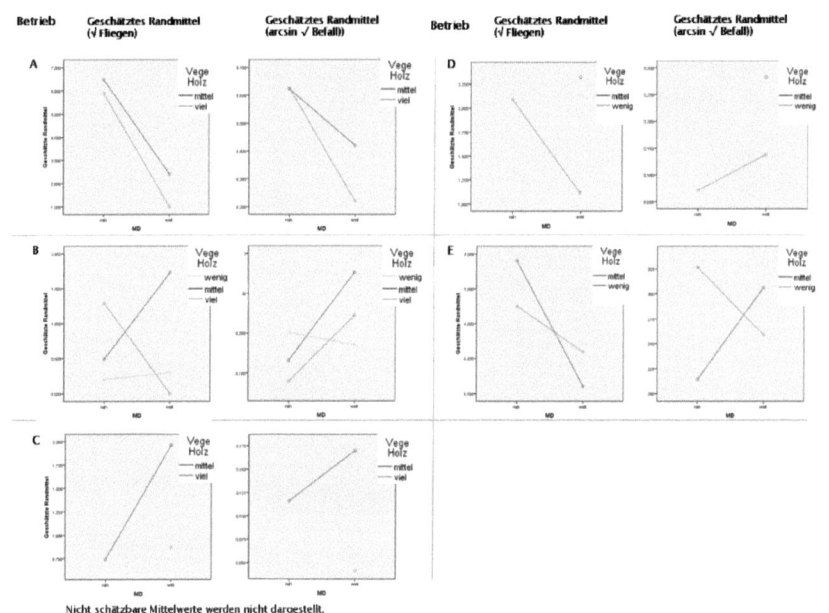

Abbildung X 4: Interaktionsplots der ANOVA zum Einfluss der zwei Faktoren MD (kürzester Abstand zwischen Falle bzw. Boniturpunkt und vorjährigem Möhrenfeld) und Vege $_{Holz}$ (holzige Vegetation (Bäume, Hecken, Wälder) im Radius von 1 km) auf das Möhrenfliegenauftreten in 1. Generation (jeweils linke Spalte) und auf den Möhrenfliegenbefall (jeweils rechte Spalte). Dargestellt sind transformierte Mittelwerte der Fliegensummen (geschätztes Randmittel $\sqrt{}$ Fliegen) und Befallsprozente (geschätztes Randmittel arcsin $\sqrt{}$ Befall) in den jeweilig kombinierten Faktorklassen (MD: nah – weit, Vege $_{Holz}$: wenig – mittel – viel).

Abbildung X 5: Aufsicht auf einen Photoeklektor mit Blick auf die Kopfdose, gefüllt mit Wasser, darauf Möhrenfliegen.

Abbildungsverzeichnis

13. Abbildungsverzeichnis

Abbildung 1: Lage der Untersuchungsstandorte A bis E (o), Topographische Karte Deutschlands. Quelle: www.mygeo.info 13

Abbildung 2: Langjähriges und aktuelles Monatsmittel der Lufttemperatur in 2 m Höhe und des Niederschlages der Wetterstation Sennickerode (LKW)..................... 15

Abbildung 3: Langjähriges und aktuelles Monatsmittel der Lufttemperatur in 2 m Höhe und des Niederschlages der Wetterstation Wietzen (LKW)..................... 16

Abbildung 4: a) Positionierte Gelbfalle auf Betrieb A, 13.06. 2007 b) adulte Möhrenfliege auf Gelbfalle..................... 17

Abbildung 5: Screenshot einer SWAT - Simulation. Fliegenauftreten laut Gelbtafelfängen („Feld") und anhand der kalibrierten Modelldaten („Modell") auf Betrieb A 2009, Feld 1... 19

Abbildung 6 a) Beispiel einer Möhrenprobennahme von 12 Boniturpunkten. Jeweils linke Gruppe ungeschädigt, rechte Gruppe mit Schadbild. Betrieb E, 27.06. 2007; b) Möhren der Schadensklasse 2..................... 21

Abbildung 7: „Möhrenanbauhistorie". Dargestellt sind Fläche und relative Lage der untersuchten Möhrenfelder auf den Betrieben A - E der Jahre 2006 bis 2009. Mit „k" gekennzeichnete Flächen sind Möhrenfelder benachbarter konventionell wirtschaftender Betriebe..................... 26

Abbildung 8: Relative Lage der aktuellen und vorjährigen Möhrenfelder auf Betrieb E 2008 - 2009 sowie exemplarisch für einen Boniturpunkt die Radien zwischen 100 und 1600 m, innerhalb derer die Anteile vorjähriger Flächen (A_{VJ}) berechnet wurden sowie der kürzeste Abstand zwischen Boniturpunkt und nächstgelegener Vorjahresfläche (MD)..................... 27

Abbildung 9: Fliegenzahlen des Gelbfallenmonitorings. Mittelwerte pro Falle im Zeitverlauf auf den Betrieben A - E der Jahre 2007 - 2009. Zu beachten: Nur innerhalb einer Ebene trägt die y-Achse die gleiche Skala..................... 32

Abbildungsverzeichnis

Abbildung 10: Möhrenfliegenbefall pro Betrieb und Jahr. In 2007 wurde nur der Gesamtbefall erhoben, für 2008 und 2009 sind die jeweiligen Anteile der Schadensklasse 1 und 2 (SKL 1, SKL 2) aufgetragen. 33

Abbildung 11: Streudiagramme von Mittelwerten pro Feld aller Betriebe und Versuchsjahre (2007-2009). Dargestellt sind Korrelationen zwischen der Fliegensumme des Gelbtafelmonitorings der 1. Generation *(Gen1)*, der 2. Generation *(Gen2)*, der Summe über den gesamten Monitoringzeitraum *(Fliegensumme)* und dem Möhrenfliegenbefall in erntefähigen Proben *(Befall %)*. (Durch die Darstellung als Streudiagramm - Matrix sind die Korrelationen in der Hälfte oben rechts spiegelbildlich zu lesen) 34

Abbildung 12: Das Auftreten der 1.- 2. (3.) Generation Möhrenfliege als Summe pro Falle ((jeweils oben) sowie Prozent Befall pro Boniturprobe (jeweils unten) in Abhängigkeit der jeweiligen Distanz zwischen Falle bzw. Bonitur und Vorjahresfläche (MD). Dargestellt für die Jahre 2007-2009 auf Betrieb A. 39

Abbildung 13: Das Auftreten der 1.- 2. (3.) Generation Möhrenfliege als Summe pro Falle ((jeweils oben) sowie Prozent Befall pro Boniturprobe (jeweils unten) in Abhängigkeit der jeweiligen Distanz zwischen Falle bzw. Bonitur und Vorjahresfläche (MD). Dargestellt für die Jahre 2007-2009 auf Betrieb A. 40

Abbildung 14: Streudiagramme zur Darstellung der 1. Generation Fliegen (links) und der Befallsprozente (rechts) aller fünf Betriebe 2007-2009 in Abhängigkeit des Abstandes zum nächstgelegenen Vorjahresfeld (MD) und der Fläche vorjähriger Möhren im Umkreis von 500 m (AVJ 500), dargestellt als Mittelwerte pro Feld. (Durch die Darstellung als Streudiagramm - Matrix sind die Korrelationen in der Hälfte oben rechts spiegelbildlich zu lesen) 43

Abbildung 15: Lineare Regressionen der mittleren Anzahl Fliegen pro Falle, in 1. Generation (n = 5 Fallen / Feld, oben), sowie des durchschnittlichen Befalls pro Probe (n = 9 Proben pro Feld, unten) mit dem kürzesten Abstand des Feldes zu einer Vorjahresfläche *(MD [m])*. Dargestellte Datenpunkte entsprechen Mittelwerten und Standardfehler pro Feld von fünf Betrieben und drei Versuchsjahren (2007 - 2009) nach vorherigem Ausschluss der Felder aus Schwachbefallslagen (< 10 Fliegen / Falle bzw. < 15 % Befall pro Probe). 44

Abbildungsverzeichnis

Abbildung 16: SWAT Simulation auf Betrieb C auf Grundlage langjähriger regionaler Klimadaten (Mittelwerte 2000-2009). Relatives Auftreten der Entwicklungsstadien Fliege, Larve, Puppe im Zeitverlauf (oben), sowie dokumentierte Zeitraum des Möhrenwachstums (gelber Hintergrund). Unterer Teil: Querschnitt durch die Altersstruktur der Population am 11. August. Jeder Balken repräsentiert einen Altersabschnitt des jeweiligen Entwicklungsstadiums und zeigt seine relative Häufigkeit an. Auftreten erster Puppen (Pfeil unten). 54

Abbildung 17: Parameter zur Baumbeschreibung aus der Waldmesslehre. Aus Nagel (2001). 65

Abbildung 18: Kartierte Ortschaften, Hecken, Bäume und Wälder einer ArcGIS Karte von Betrieb E in 2009. In 13 Radien um jede Falle und jeden Boniturpunkt, hier beispielhaft ein Radius von 1 km, erfolgte die Quantifizierung der Strukturen.................... 74

Abbildung 19: Holzige Vegetation und Ortschaften im Umkreis von 1 km um die beprobten Möhrenfelder der Betriebe A – E, dargestellt als Mittelwerte pro Betrieb von 2007 – 2009. 74

Abbildung 20: Anteil holziger Vegetation an der Gesamtfläche im Radius von 1 km (~314,2 ha) auf den Betrieben A – E in 2007 – 2009, dargestellt als Mittelwert pro Falle. 79

Abbildung 21: Schematischer Aufbau der Fangstreifenversuche am Beispiel des Versuchsjahres 2009, Betrieb E. Fangstreifen 1 (FS 1) liegt am Vorjahresfeld, Fangstreifen 2 (FS 2) ist der aktuellen Haupterwerbsflächen (HF) vorgelagert. Neben dem Gelbtafelmonitoring wurden auch die Bonituren in räumlicher Nähe (jedoch mindestens 3 m Abstand von der Falle) durchgeführt. 89

Abbildung 22: Fangstreifen 1 des Betriebes A 2009 mit Schlupfzelten auf den 4 Abschnitten verschiedener Behandlungen: Gegrubbert am 05., 15., 23. Juni bzw. nicht entfernt (Kontrolle).................... 91

Abbildung 23: Schema der Fangstreifenversuche am Beispiel des Betriebes A in 2009. Fangstreifen 1 (FS 1) liegt auf dem vorjährigen Möhrenfeld, Fangstreifen 2 (FS 2) ist der aktuellen Haupterwerbsfläche (HF) vorgelagert. Die Positionen der Gelbtafeln entsprechen den Standorten der Bonituren. K kennzeichnet die Kontrollvariante in den alternierenden

Abbildungsverzeichnis

Abschnitten zwischen FS 2 und der Kernparzelle des HF. Die Länge der Lücken und ihrer Kontrollvarianten betrug jeweils 36 m und eine Breite von 4 Dämmen ~ 3m. 92

Abbildung 24: Fliegenfänge auf Gelbtafeln im Fangstreifen 1 (FS 1) und Hauptfeld (HF), sowie das Möhrenwachstum im FS 1 von Aussaat über Auflaufen bis zum Grubbern (in Tagen) auf Betrieb A in 2008 und 2009. K= Kontrolle: FS 1- Abschnitte mit ungestörter Möhrenentwicklung. Vertikale gestrichelte Linien markieren den Hauptflug der 1. Generation Möhrenfliege und gleichbedeutend das anzustrebende Zeitfenster einer Fangpflanzenpräsenz. 96

Abbildung 25: Dargestellt sind die mittlere Anzahl Fliegen, die in den Photoeklektoren auf dem ehemaligen FS 1 nach unterschiedlichem Entfernungsdatum geschlüpft sind. Abschnitte des FS 1 wurden in 2008 am 09. Juni (links) und in 2009 am 05., 15. und 23. Juni entfernt (rechts). Mittelwerte sind als Ziffern in den Balken angegeben, Federbalken entsprechen Standardfehler. 96

Abbildung 26: Fangzahlen des Gelbtafelmonitorings am Möhrenfeld 1 des Betriebes A in 2009. Dargestellt sind Mittelwerte mit Standardfehler der Summen Möhrenfliegen aus 1. Generation (1. Gen) im 2. Fangstreifen (FS 2) und im Hauptfeld (HF), mit Möhren (Kontrolle) und Brache (Lücke) als Variante. Ergebnisse der t-Tests siehe Text. 97

Abbildung 27: Befallswerte [%] von Möhrenfliegen an drei Boniturterminen (t1 = 04.06.; t2 = 23.06.; t3 = 18.08.) am Möhrenfeld 1 des Betriebes A in 2009. Dargestellt sind Mittelwerte mit Standardfehler im 2. Fangstreifen (FS 2) und Hauptfeld (HF), mit Möhren (Kontrolle) und Brache (Lücke) als Variante. Ergebnisse der t-Tests siehe Text. 99

Abbildung X 1: Bestimmtheitsmaße (R^2) linearer Regressionen zwischen a) Fliegenauftreten und b) Befall und der jeweiligen Fläche an vorjährigen Möhrenfeldern (A_{VJ}) innerhalb der Radien (100 - 1600 m) in den Versuchsjahren 2007-09 auf Betrieb A. 139

Abbildung X 2: SWAT Simulation auf Betrieb B auf Grundlage langjähriger regionaler Klimadaten im Zeitraum 2000-2009. Relatives Auftreten der Entwicklungsstadien Fliege, Larve, Puppe im Zeitverlauf (oben) zeigen, dass im durchschnittlichen Zeitraum des Möhrenwachstums (gelber Hintergrund) nur die 2. und 3. Generation Möhrenfliege koinzidiert.

Abbildungsverzeichnis

Unterer Teil: Querschnitt durch die Altersstruktur der Population am 28. Mai. Jeder Balken repräsentiert einen Altersabschnitt des jeweiligen Entwicklungsstadiums und zeigt seine relative Häufigkeit an. Zum Zeitpunkt des Auflaufens der Möhren ist die Eiablage der Fliegen bereits vorbei (Pfeile unten).. 140

Abbildung X 3: SWAT Simulation auf Betrieb E auf Grundlage langjähriger regionaler Klimadaten im Zeitraum 1980-2009. Relatives Auftreten der Entwicklungsstadien Fliege, Larve, Puppe im Zeitverlauf (oben) zeigen, dass während des durchschnittlichen Möhrenwachstums (gelber Hintergrund) alle drei Generationen Möhrenfliege auftreten. Unterer Teil: Querschnitt durch die Altersstruktur der Population am 21. Mai (Mitte) und am 01. September (Unten). Jeder Balken repräsentiert einen Altersabschnitt des jeweiligen Entwicklungsstadiums und zeigt seine relative Häufigkeit an. Sowohl während der Eiablage der 1. Generation (oberer Pfeil) als auch während der Verpuppung der 2. Generation (Pfeil unten) sind Möhren als Vermehrungsgrundlage präsent. 141

Abbildung X 4: Interaktionsplots der ANOVA zum Einfluss der zwei Faktoren MD (kürzester Abstand zwischen Falle bzw. Boniturpunkt und vorjährigem Möhrenfeld) und Vege $_{Holz}$ (holzige Vegetation (Bäume, Hecken, Wälder) im Radius von 1 km) auf das Möhrenfliegenauftreten in 1. Generation (jeweils linke Spalte) und auf den Möhrenfliegenbefall (jeweils rechte Spalte). Dargestellt sind transformierte Mittelwerte der Fliegensummen (geschätztes Randmittel $\sqrt{}$ Fliegen) und Befallsprozente (geschätztes Randmittel arcsin $\sqrt{}$ Befall) in den jeweilig kombinierten Faktorklassen (MD: nah – weit, Vege $_{Holz}$: wenig – mittel – viel)....................... 147

Abbildung X 5: Aufsicht auf einen Photoeklektor mit Blick auf die Kopfdose, gefüllt mit Wasser, darauf Möhrenfliegen. 148

14. Tabellenverzeichnis

Tabelle 1: Parameter zum Standort und Möhrenanbau der fünf Versuchsbetriebe und Angabe der nächstgelegenen Klimastationen zum Bezug von Wetterdaten. Quelle: Betriebe, Niedersächsisches Landesamt f. Bergbau, Energie und Geologie www.lbeg.de, Bodenschätzungskarte. 14

Tabelle 2: Radien pro Betrieb und Jahr, innerhalb derer das Fliegenauftreten und der Befall am besten mit der Fläche vorjähriger Möhrenfelder korrelierten und wie sie in die multiplen linearen Regressionsmodelle einflossen. 30

Tabelle 3: Klassifizierung des Fliegenaufkommens in 1. und 2. Generation auf Gelbklebefallen im Möhrenfeld sowie des Larvenbefalls in erntefähigen Möhrenproben in fünf Stufen. 31

Tabelle 4: Ergebnisse der multiplen linearen Regression zur Erklärung des Fliegenvorkommens auf Gelbtafeln in 1. Generation und des Larvenbefalls in Möhrenproben zum Erntezeitpunkt auf Betrieb A in 2007, in Abhängigkeit des jeweils kürzesten Abstandes zur Vorjahresfläche (MD) und der Fläche vorjähriger Möhrenfelder (A $_{VJ}$) im Umkreis. Beta enspricht der Steigung des Faktors, wenn alle weiteren Faktoren konstant sind, SE B ist der Standardfehler der Steigung und Beta entspricht dem standardisierten B. Die Konstante beschreibt den Schnittpunkt mit der y – Achse... 35

Tabelle 5: Übersicht der Signifikanzen der multiplen linearen Regressionen. Die Faktoren 1) kürzester Abstand zur Vorjahresfläche (MD) und 2) Fläche vorjähriger Möhrenfelder (AVJ) wurden im Rückwärts- Verfahren auf ihren Einfluss auf das lokale Fliegenauftreten (Fliegen Gen 1) und Schäden am Erntegut (Befall) getestet. B entspricht der Steigung des Modells. 37

Tabelle 6: Ergebnisse der „Cutpoint – Analyse" auf Betrieb A. Dargestellt für die Jahre 2007 bis 2009 sind die Cutpoints [m], links und die U-Statistik, rechts.. 41

Tabelle 8: Dauerhaft holzige Vegetation wurde im Umkreis von 1 km um aktuelle Möhrenfelder dokumentiert. Eine Unterteilung anhand spezifischer Charakteristika erfolgte in

Tabellenverzeichnis

Hecken, Wald, Bäume und Ortschaften. Die Vegetationstypen wurden kartiert, anschließend mit ArcGIS 9.1 digitalisiert und quantifiziert. 65

Tabelle 10: Übersicht der Signifikanzen der multiplen linearen Regressionen. Eingeflossene Faktoren waren 1) Kleingehölze 2) Wald x PAR (Wald) und 3) Ortschaften (Ort). B entspricht der Steigung des Modells. Detaillierte Ergebnisse der Regressionen (Anhang Tabelle X 6 - Tabelle X 10). 76

Tabelle 11: Ergebnisse der zweifaktoriellen Varianzanalyse zum Einfluss der Faktoren MD (Abstand zur Vorjahresfläche) und Vege Holz (holzige Vegetation im Radius von 1 km) sowie deren Interaktion (MD x VegeH.) auf die Fliegensumme pro Falle in erster Generation und den Möhrenfliegenbefall zum Boniturtermin. Die ANOVA wurde einzeln für die Betriebe A - E durchgeführt und umfasst jeweils die Daten der Jahre 2007 - 09 (Betrieb D: 2008-09). 79

Tabelle 12: Versuchsplan und Ergebnisse der Fangstreifen Versuche 2007-09 im Überblick 93

i want morebooks!

Buy your books fast and straightforward online - at one of world's fastest growing online book stores! Environmentally sound due to Print-on-Demand technologies.

Buy your books online at
www.get-morebooks.com

Kaufen Sie Ihre Bücher schnell und unkompliziert online – auf einer der am schnellsten wachsenden Buchhandelsplattformen weltweit! Dank Print-On-Demand umwelt- und ressourcenschonend produziert.

Bücher schneller online kaufen
www.morebooks.de

 VDM Verlagsservicegesellschaft mbH
Heinrich-Böcking-Str. 6-8　　Telefon: +49 681 3720 174　　info@vdm-vsg.de
D - 66121 Saarbrücken　　　Telefax: +49 681 3720 1749　　www.vdm-vsg.de

Printed by Books on Demand GmbH, Norderstedt / Germany